植物家族性奥秘

陈 坚 毛慧芬 著

上海科学技术出版社

图书在版编目（CIP）数据

植物家族性奥秘 / 陈坚，毛慧芬著. -- 上海：上
海科学技术出版社，2020.10
ISBN 978-7-5478-5032-9

Ⅰ．①植… Ⅱ．①陈… ②毛… Ⅲ．①植物－普及读
物 Ⅳ．①Q94-49

中国版本图书馆CIP数据核字(2020)第186225号

植物家族性奥秘

陈　坚　毛慧芬　著

上海世纪出版（集团）有限公司
上 海 科 学 技 术 出 版 社　　出版、发行

（上海钦州南路71号　邮政编码200235　www.sstp.cn）

浙江新华印刷技术有限公司印刷

开本 787×1092　1/16　印张 13.5

字数 200 千字

2020 年 10 月第 1 版　2020 年 10 月第 1 次印刷

ISBN 978-7-5478-5032-9/N·208

定价：108.00 元

前言

　　植物也有家？植物也有性？答案是肯定的。

　　或许这个答案已经是一个常识，众所周知；或许大众只是知其然，并不一定知其所以然。

　　何也？

　　这里的"家"不是指像动物那样由父母、孩子组成的家庭，而是分类学上的一个单位，我们把它叫作"科"，它的英文恰好就是 Family。大家都知道月季和玫瑰，不过很多人不能清楚地区分两者，因为它们长得很像，甚至人们常把月季当作玫瑰送给心爱的人。为什么会长得如此像呢？因为月季和玫瑰属于同一个"家"，它们具有比较近的亲缘关系，就像一个家族里的兄弟姐妹一样，都会有点像。月季、玫瑰所在的"家"，我们称之为"蔷薇科"，这是一个大家庭，包括好多人们熟知的植物，如梅花、桃花、樱花、海棠花等，它们或多或少都有点像。

　　正因为同属于一个家庭（也就是分类学上的"科"），它们就具有亲缘关系，而亲缘关系的形成往往与"性"是分不开的。

　　具有雌雄两性是地球生物的显著特征。尽管植物与动物在外观上有巨大的差异，但在生命的延续上都主要是依靠两性繁殖来实现的。与动物两性的发育、成熟、交配、孕育、生产相似，植物也有类似的过程，承担这个任务的重要性器官就是植物的花。

　　因此，植物不仅有"家"，而且有"性"。"性"是维持"家"稳定的基本因素，也是保证植物千姿百态、此花不同于他花的关键原因。

　　随着生活水平的提高，植物的花越来越频繁地进入了人们的生活，漂亮、美丽的花成为人们追求美好生活、享受美好生活的象征。与动物明显不同的是，作为植物的性器官，花是充分外露、尽情展现的，在完成植物延续后代任务的同时，也展示了自身的艳丽、妩媚和妖娆，并让人们盼着它、亲近它、喜爱它。无论春夏秋冬、早晨晚间，也不管室内室外、山野庭院，当形态不同、色彩各异的花次第盛开的时候，人们的心情也会愉悦起来。在数码技术和照相设备不断进步的当下，人们欣赏和记录花的美丽变得愈加便捷和恒久。

不过，你有没有想过：为什么植物的花有的相似，有的相异呢？不同的植物的花里面究竟有些什么秘密呢？植物的这一"家"与那一"家"是依靠什么区别开来的呢？可能很多人会说，花的组成不就是"外面是花瓣，里面是花蕊"嘛。这样的回答实在太过简单化了，花的构成远不止平常人们看到或了解的这么简单。花的内部其实是有点复杂的，当我们剖开一朵花的时候，我们会发现它的构造很神奇，并且还有点神秘。

本书试图通过我们撰写的文字和拍摄的照片，特别是微距尺度下的照片，向人们揭示植物家族的"性"奥秘——人们肉眼看不到的花的隐秘。

生物微距摄影是老一辈植物学家、华东师范大学马炜梁教授开创的。马先生在他的《植物的智慧》一书中这样写道："微距摄影不同于一般摄影，也不同于显微摄影，因为想拍摄一般的物体，只要用照相机就可以了；小于1平方毫米的微小的东西用显微镜拍摄也能做到，大小介于两者之间的物体就要用微距摄影才能解决问题。对于从事生物学的人来说，这样大小的物体是经常碰到的，尤其是花朵的雌雄蕊和子房的结构、昆虫的附肢等。这些器官正是确认生物自然地位的重要部分。"前不久马炜梁先生主编出版了《中国植物精细解剖》一书，书中汇聚了马先生数十年植物分类解剖的观察研究成果，并用微距摄影的方式表达。除马先生之外，国内其他人关于生物方面的微距摄影作品并不多见，权威的电子版《中国植物志》虽为记载的植物配上了精美、清晰的彩色照片，但微距水平的照片极少，即使有，也多是出

自马先生之手。马先生的两本专著是我们写作本书最好的指导，但本书不同于马先生的专著，也达不到马先生的高度和深度。本书的宗旨是科普，以普通读者和花卉爱好者为主要对象，内容上以图片为主（特别是微距图片），我们精心选取了近300幅真实性和艺术性兼具的图片，配上适当的科学性、趣味性文字和注解，向广大读者揭示植物性器官（花）的奥秘。

本书的两位作者具有相同的生物学学习经历。作者之一陈坚从事植物分类学的教学、研究很多年，解剖并记录了数百种植物的花，对不同植物的花有着充分而又翔实的一手资料。另一位作者毛慧芬，从事生物学教学30余年，上课之余还是一位资深的摄影爱好者，对于植物花卉的拍摄有丰富的经验且技术精湛。本书的创意是毛慧芬在九段沙野外考察、摄影的基础上萌发形成的。我们合作此书也可以说是不忘初心：陈坚目前主要从事旅游专业的教学，植物分类是业余的"专业爱好"；毛慧芬现已退休在家，花卉摄影成为其具有专业背景的重要活动，但植物分类学是我们大学学习经历的共同起点。本书将以图文并茂的方式，科学地、艺术地展现植物家族的性奥秘，努力达到百"花"齐放、百"家"争鸣的意境。

上海城建职业学院　**陈　坚**

上海市鲁迅高级中学　**毛慧芬**

2020 年春于上海

目 录

第一章

腊 月 芬 芳 之 家

——

蜡梅科

1. 寒冬腊月里的芬芳

温带地区的冬季，百花凋零，但见蜡梅吐芬芳（图1-1）。蜡梅（*Chimonanthus praecox*）是一种落叶灌木，深秋叶片纷纷凋落，一年光合作用积聚的能量却在慢慢迸发，在寒冬里绽开朵朵黄色的小花，让我们在寒冷的冬季拥有了暖色和芳香。蜡梅花金黄色，迎霜傲雪，岁首冲寒而开，久放不凋，比梅花开得还早。

蜡梅因花瓣金黄，稍带蜡质而得名。又因为蜡梅在寒冬腊月里盛开，很多人也把它叫作"腊梅"。*Chimonanthus praecox*是蜡梅的拉丁学名，直译就是"冬季里先叶开放的花"，这点倒与"腊梅"的意思相近。虽然一种植物会有不同的中文名，不同的植物也可能叫法一样，但每种植物的拉丁学名是唯一的，这有点像我们的身份证，同名同姓很常见，但身份证号码是一人一号固定的。

图1-1 **蜡梅**

A. 开花枝条；B. 花近观

2. 为什么属于蜡梅科

我们经常在蜡梅花前流连忘返，为其香，也为其色。让我们细细观察、慢慢分解、用心拍摄，走进蜡梅的心——那是高风亮节、傲气凌人的澄澈之心。

图 1-2　蜡梅花近观（左为刚开时；右为成熟时）

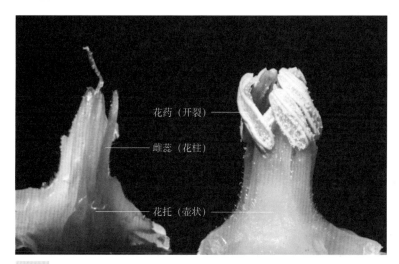

图 1-3　蜡梅的壶状花托（左为雌蕊；右为花药，贴生于壶口）

花药（开裂）

雌蕊（花柱）

花托（壶状）

通过自然选择和进化，每种植物形成了自身独特的结构和功能，蜡梅也不例外。我们往往只看它的花，闻到它的芳香，却不太会注意它的"花蕊"——雌蕊和雄蕊的细微结构。图 1-2 可以清晰地看到蜡梅花外围的多轮花被、中央的雄蕊和雌蕊。图 1-2 左边是刚开放的腊梅花，可以看到雄蕊多数，合在一起，花药外向；右边是成熟后的花，雄蕊向外打开，露出中央的雌蕊。图 1-3 是蜡梅壶状花托的特写：右图是生于壶状花托口边的雄蕊，左图是去除雄蕊后的雌蕊。图 1-4 是蜡梅的果实：A 是当年的果实，闭合；B 是第二年的果实，壶状果托开裂，有数枚瘦果。

图 1-4　蜡梅的果实

A. 当年的果实；B. 第二年的果实，壶状果托开裂，有数枚瘦果

上海地处中亚热带北缘，冬季开花植物很少，蜡梅是上海地区少有的冬季观赏、芳香兼具的种类。在此我们再欣赏一些盛开在寒冬里的蜡梅花（图1-5）。

蜡梅是蜡梅科最有代表性，也是最广为人知的一种花。通过观察蜡梅花的构造，我们可以初步了解蜡梅科植物花和果共同特征：花被多轮生壶外，雄蕊多数生壶口，雌蕊分离生壶内，花托壶状藏瘦果。

科，类似于植物的"家庭"或"家族"。同一个科里，汇聚着一群长得比较像，特别是花、果实比较像的，具有一定亲缘关系的植物家族成员。反过来说，如果我们发现有一种植物的特征与某科植物的共同特征比较相似，就基本可以判断这种植物可能就是这个科的成员。比如，我们见到一种不认识的植物，但具备上述与蜡梅相似的解剖结构，就可以判断它属于蜡梅科。

蜡梅科植物的花相对简单和原始。因此，我们就从蜡梅科开始，通过上述方法向读者揭示植物家族"性"的奥秘。

图1-5　寒冬里盛开的蜡梅花

被子植物的生殖器官

被子植物的生殖器官，包括花、果实和种子，其中花是人们观赏的主要对象，也是本书探索被子植物性奥秘的主要目标。同时，花还是被子植物分"家"的主要依据。

图 1-6 是被子植物花的结构模式图。除了花托，花一般从外向内分别为花萼、花瓣、雄蕊、雌蕊四部分。花的这种从外到内的着生次序是基本固定的。

花萼和花瓣合称花被。大多数情况下，花萼小，花瓣大，而且花瓣色彩丰富、形状多样，比较显眼，大多数被子植物的花漂亮就漂亮在花瓣上。花萼、花瓣有明显区别的叫两被花，大多数被子植物都是两被花。少部分植物的花比较简单，比如柳树的花，花萼、花瓣都没有，这样的花叫无被花。榆树的花只有一轮花被，就叫单被花。一般认为，单被花的花被是花萼而不是花瓣。

被子植物中，除了无被花、单被花和两被花之外，还有一种特别情况——花被有多轮，而且各轮彼此相似，没有明显的区别，叫作同被花。蜡梅属于同被花，典型的同被花可详见木兰科植物。

被子植物的花瓣合在一起称为花冠。花冠有多种类型，如蝶形、唇形等。

雄蕊由花丝和花药两部分构成。花药是储藏及散布花粉的结构。根据花丝和花药的着生方式、结合情况等，可将雄蕊分为多种类型，如四强雄蕊、二强雄蕊等。

雌蕊由子房、花柱和柱头三部分构成。柱头是接受花粉的部位；子房里有胚珠，受精后发育成果实；花柱是连接柱头与子房的管状结构。子房的位置、心皮是否结合、胚珠着生方式等决定了果实的类型，也是重要的分类依据。

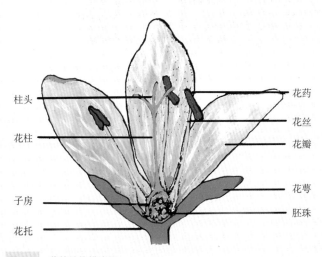

图 1-6　花的结构模式图

3. 蜡梅科的另类——夏蜡梅

蜡梅科的植物不只有蜡梅，还有一个比较少见的种类——夏蜡梅（图1-7）。

夏蜡梅是国家二级保护植物，仅分布于浙江天台和临安地区，生长在海拔600~800米的溪谷和山坡林间。花色白里泛红，大而美观。花被片螺旋状着生于坛状花托上，花期5月，果期10月。花大美丽，可供庭园观赏。

图1-7　夏蜡梅

夏蜡梅被科学定种的时间并不久远。在20世纪50~60年代，我国植物学家首先在浙江发现夏蜡梅。它的花开放时直径超过5厘米，比蜡梅的花大得多，内轮花被小、淡黄色——这些特征都与蜡梅不一样。但当我们仔细观察夏蜡梅花的构造时（图1-8），可以发现它的壶状花托包围着雌蕊，雄蕊长在壶口，这些特征都与蜡梅非常相似，据此植物分类学家将它归入蜡梅科。不过夏蜡梅与蜡梅科其他已知种类仍有差异，所以最初植物分类学家将它作为一个独立的属，命名为中国夏蜡梅属（*Sinocalycanthus*），以区别于主要分布在美洲的夏蜡梅属（*Calycanthus*），属内仅此一种，中国夏蜡梅（*Sinocalycanthus chinensis*）。后来经过进一步比对，这种植物还是被归入夏蜡梅属，定名为夏蜡梅（*Calycanthus chinensis*）。

蜡梅科是一个比较小的科，家族成员不多，全球一共有2个属——蜡梅属和夏蜡梅属，种数不超过10种，大约一半分布在东亚，一半分布在北美。有意思的是，从学名的角度来说，蜡梅科的学名*Calycanthaceae*与夏蜡梅属的学名*Calycanthus*具有相同的词根。因此，蜡梅科更准确地说应该叫作夏蜡梅科，只不过在浙江的夏蜡梅发现之前，我国只有蜡梅属，加上蜡梅又广为人知，所以依据植物分类命名习惯，就称为蜡梅科，并一直沿用到现在。另外，植物的拉丁学名的形成有它的历史和缘由，而中

图 1-8　夏蜡梅花的结构

A. 花近观（外轮花被淡粉色，内轮花被小而黄色，雄蕊直立，花药外向，雌蕊位于中央）；B. 外轮花被离析（10 枚）；C. 花托纵剖（多枚雄蕊生于壶口，开裂，雌蕊白色被毛，内藏）

文名称也有它的传承和习惯，两者之间是一一对应的关系，一般也不按照拉丁学名的本意直译作为中文名。*Calycanthus* 的直译是"花萼状的花"，因它的花期在夏天，因而被称为"夏蜡梅"。

随着现代分子生物学的发展，判断生物之间亲缘关系的手段也越来越精细，但在植物分类方面，形态上的像或不像，尤其是关于植物的生殖器官——花、果的形态学上的相似或相异，至今依然还是重要的依据。就好比

人脸是我们识别人的主要依据，判断他或她是不是一家人，还是先看脸长得像或不像。

夏蜡梅一经发现，便因为它花大，花期又在百花盛开之后的 5 月，引起了园艺界的广泛兴趣，有人试图把它从浙江海拔近千米的"深闺"引出来，让更多人认识它、欣赏它。但没有想到的是，这一引种过程有点难。夏蜡梅不善于"抛头露面"，只喜欢待在高山的"深闺"中，这可能也正是它珍贵、罕见、少为人

知的原因吧。上海这样在沿海滩涂上发展出来的城市，光照、温度、空气、降水、土壤等各种气候、地理因素都与夏蜡梅原来所居住的"深闺"相差较大，要想在上海的公园、绿地、街头、庭院生活下来确实难度不小。目前上海仅辰山植物园等少数地方有夏蜡梅正常生长、开花。上海师范大学欧善华老师在 2012 年前在家中院子里培育成功，可以开花结果，这可能是夏蜡梅在上海最早的踪迹之一了。

4. "岁寒三友"之梅

我们常说，松、竹和梅是"岁寒三友"。其中"三友"之梅却并非本章所说的蜡梅，而是梅花（图1-9）。因为蜡梅和梅花都是在寒冷时候开花，开花时都没有叶，所以它们经常被混淆。其实这两种"梅"的形态特征差别很大，很容易区分。

图 1-9　梅花

相比于蜡梅，梅花的知名度就更大了。古往今来，咏梅的诗词很多，其中大多数说的是梅花。电视里、舞台上唱到歌曲《一剪梅》的时候，布景或道具也大多是梅花，而不是蜡梅。

那么这两种"梅"究竟有些什么区别呢？表1-1是两种"梅"的主要区别，我们可以根据这些特点把两种"梅"区分开来。

表 1-1　梅花与蜡梅的区别

比较项目 名称	花　期	花　色	植　株
梅花	早春2月	白色、粉色、紫红色、深红色等	小乔木，叶互生
蜡梅	12月至次年1月	蜡黄色	灌木，叶对生

梅花还是我国国花的"候选者"之一，我们不能不专门来说一说它有哪些特别的结构，它的性器官又有哪些奥秘。这里留个悬念，且听第四章分解。

第二章 简 约 之 家

——

杨柳科、榆科等

1. 知果不知花

春天来了，榆钱落地，柳絮吹起。夏天到了，杨梅红润，桑葚甜美。秋天过了，板栗飘香，核桃香脆。还有无花果，也受很多人的喜爱。

这些果实都被大家熟知，但是说起它们的花，很多人会有些惊诧——这些树也会开花？无花果不就是没有花的果吗？

这些树当然会开花！没有花又何来果呢？开花结果，在汉语语法上或许属于并列结构，但在植物学上，却是一个开花在先，结果在后的过程。这与动物或人的繁殖是一样的，先是性器官的成熟，然后才能生儿育女。

植物的花就是植物的性器官，开花就意味着植物的性器官成熟了，雌蕊、雄蕊等待风或昆虫的帮助，完成重要的传粉、受精过程，花谢之后结果。果实是植物繁殖的后代。只不过一些树的果实往往大而显著，有的还香甜味美，容易让人认识并记住，而它们的花却很小而简单，没有特别的色彩和芳香，所以很多人就往往知其果而不知其花。

我们把这些外形小而结构简单的花暂且称为"简约之花"，这并不是一个专业术语，而只是为了叙述的方便笼统称之。这些花的"简约"方式是各不相同的，因此，从植物分类上看，它们属于不同的科或"家族"。我们来看看这些"简约之花"的构造究竟"简约"到什么程度。

2. 简约之杨柳

杨柳树大家都很熟悉，每年春天还有很多人会为漫天飘飞的杨花柳絮而"闹心"。实际上，杨柳树是杨柳科植物的统称，杨是杨，柳是柳。江南地区常见的被称作杨柳树的主要是柳树——更准确点说是垂柳 (*Salix babylonica*)，也有部分旱柳 (*Salix matsudana*)。而漫天飘飞的杨花、柳絮则分别是杨树、柳树的种子。图 2-1A 是垂柳春天新萌发的枝叶，图 2-1B 是其开花的枝条近观，因其花色黄绿不显眼，容易被人忽略。

图 2-1　垂柳枝叶及花

A. 垂柳春天新萌发的枝叶；B. 垂柳开花枝条近观

图 2-2　垂柳的雄花枝条及雄花

a. 刚萌发的花序；b. 一周后成熟的花序，花药明显；c. 放大 40 倍的雄花，仅有 2 个雄蕊 1 个苞片；d. 雄花侧面观

图 2-3　垂柳的雌花

A. 雌花序，雌花仅 1 个雌蕊；B. 受精膨大的子房；C. 子房（果实）成熟开裂，露出白色长毛

图 2-2、图 2-3 是垂柳的花和花序，以及果枝。垂柳的花分为雄花和雌花，其构造非常简单，没有丰富多彩的花萼、花瓣，仅花下有 1 个苞片。雄花只有 2 个雄蕊（图 2-2c），雌花只有 1 个雌蕊（图 2-3A）。很多这样的花长在一起构成花序，柳树这样的花序叫做柔荑花序。

这样的花是不是足够简约？柳树的花也就是所谓的无被花。生物学上，结构与功能往往是配合完美的。柳树的花粉和种子的传播都是借助风力实现的，花萼、花瓣就都成了多余的阻挡。不过，这里需要提出的是，我们时常会在书报上看见这样或与之类似的说法——柳树为了便于传粉，花萼花瓣就被简化了。其实这话是有点问题的：植物或动物，甚至人，恐怕都不能为了某一个目的或功能而主动地长出或减去某种相应的结构，就像长颈鹿并不是为了吃到树上的叶把脖子长长，而是因为能吃到树上叶的变异个体得到了生存和遗传的机会。

柳树的雌蕊受精以后，子房便逐渐膨大（图2-3B）。待果实成熟后裂开，露出附生在种子上的白色长毛（图2-3C）。它的种子十分细小，借助白色长毛，经风一吹，便随风飘出，也就是所谓的柳絮。

柳树不仅仅花分雌、雄，树也分雌、雄，这在植物学上叫作雌雄异株。柳絮飘飘对于柳树来说是它的生存、繁殖之道，但对于城市居民来说则会感到不胜其烦。如果可能，城市绿化时可专门选种柳树的雄树，那就可以避免每年春暖花开时的柳絮了。

🌿 柳树是这样，杨树也是这样。虽然柳树的叶狭（披针形），杨树的叶宽（宽卵形），看上去不太一样，但是它们的性器官（花）的构造却是相似的。杨树的花同样是无被花，种子也具有白色的长毛，成熟后一样会飘散开来，也就是杨花。图2-4是加拿大杨（*Populus × canadensis*）的果枝及果实近观，可见到受孕膨大的子房（即果实），子房剖开，种子上也附着着白色长毛。据此可以说杨、柳是"一家子"，都属于杨柳科。

杨柳科包括很多种柳树和杨树，归纳起来最重要的特征是：花无花被花单性，荑荑花序分雌雄，种子细小具白毛。

图2-4 加拿大杨的果序和果实
A.果序，子房已受孕；B.果实外观；C.果实纵剖，可见种子上的白色长毛

拓展 2-1　花　序

柳树的花非常简化，又很小，但当春天柳絮飘起的时候，我们又常在树下发现一条条有点像毛毛虫的东西，这就是柳树的花序。

有的植物的花，是一朵一朵单独着生于叶腋或枝顶的，如玉兰、牡丹、桃花等，称单生花。但许多植物的花成丛、成串地按一定规律排列在一个总花柄（又称花序轴）上，这就是植物的花序。

常见的花序有以下类型：

1）总状花序，各花在一个花序轴上互生，花柄几乎等长，如白菜、油菜等十字花科植物，刺槐、紫藤等豆科植物的花序都是总状花序。

2）穗状花序，花的排列与总状花序相似，但花无柄或近于无柄，如牛膝草、马鞭草、车前草、木麻黄等的花序。

3）菜荑花序，花着生方式与穗状花序相似，但花单性，花序常柔软、下垂，花后整个花序一起脱落，如杨、柳等植物的花，板栗、核桃的雄花序也是菜荑花序。

4）肉穗花序，花与菜荑花序相似，亦单性，但花序轴肥厚、肉质，如玉米的雌花序。有的肉穗花序的外面包被一个大型的佛焰苞，特称为佛焰花序，如马蹄莲、半夏等天南星科植物。

5）伞房花序，与总状花序相似，但花柄不等长，下部的较长，上部的渐短，整个花序的花近似排在一个平面上，如苹果、梨等一些蔷薇科植物的花序。

6）伞形花序，各花着生于花序轴顶端，花柄几乎等长，排列成伞形，如伞形科、五加科、报春花科等植物的花序。

7）头状花序，花序轴顶端膨大、平展成盆状，着生有很多无柄的花，外围以密集的绿色总苞，如菊花、向日葵、蒲公英等菊科植物的花序。

8）隐头花序，花序轴顶端膨大、扩展，周围向内凹陷成密闭杯状，仅有小口与外面相通，花着生于凹陷的杯状花序轴内。隐头花序为桑科榕属所特有，如无花果、榕树等植物的花。无花果其实有花有果，开花时因为隐头花序而使人误以为无花。

9）聚伞花序，与上述各种花序上的花开放顺序不同，聚伞花序的花开放顺序是从上向下或从内向外渐次开放的，如石竹花、金丝桃、醉鱼草、夹竹桃等。

此外，上述各种花序都是花序轴不分枝的简单花序，还有不少植物的花序轴具有分枝，在每一分枝上又按上述的某一种花序着生花，这类花序称为复花序，如复总状花序（槐树、凤尾兰、水稻等）、复穗状花序（小麦、大麦）、复伞形花序（胡萝卜、芹菜）。聚伞花序则依据分支的情况分为单歧聚伞花序、二歧聚伞花序和多歧聚伞花序。

植物花序的类型多样，往往与植物的性活动——传粉、受精有关，也是划分"家族"的重要依据之一。本章的简约之花，花往往细小而再组成花序，它们大多是穗状花序、菜荑花序、隐头花序等，其他类型的花序将在后文相关的"家族"里再做介绍。

3. 简约之榆树

与柳树相似，榆树也是早春先开花后长叶的。等到树下落满榆钱的时候，我们才知道榆树的花开过了。图 2-5 是榆树（*Ulmus pumila*）的花。榆树开花时，若干花簇生在枝条的节上（图 2-5A）。榆树的花外围为 1 轮小而略呈暗红色的花萼，没有花瓣，这就是单被花。中央有 4~5 个雄蕊，1 个雌蕊（图 2-5B、C）。比之于柳树的花，榆树的花稍复杂些，但总体上还是小而不显眼的。榆树的果实为圆形的翅果，即所谓的榆钱（图 2-6）。

榆树属于榆科。榆科的种类比较多样，不太容易用一句话概括其特征。但榆树所在的榆属则相对比较一致：花仅花萼略筒状，雄蕊同数对着生，花为两性结翅果。

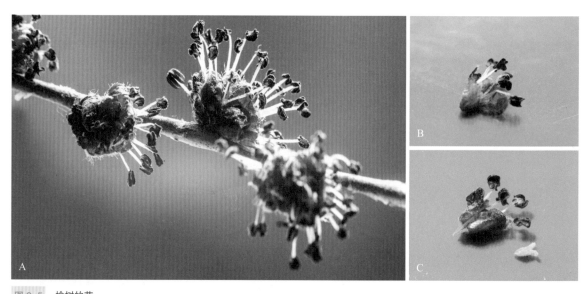

图 2-5   榆树的花

A. 枝条上若干花簇生在节上，开花时还没有叶；B. 榆树花外观特写，4 个花萼；C. 榆树花解剖图，雄蕊 4 个，雌蕊 1 个，具 2 柱头

图 2-6   榆树的翅果（榆钱）

4. 无花果有花又有果

无花果，如果仅仅从字面上看，可以理解为没花也没果，也可以理解为没花之果。但实际上，无花果有花又有果。作为一种植物的果实，无花果是很多人喜爱吃的夏季水果，只不过从一开始人们似乎还没看到它开花，果就结在树上了，所以称之为无花果。

还是那句老话，不开花，何来果？无花果也是开花的，只是它开花我们没有看见。这是怎么一回事呢？

与柳树、榆树相似的是，无花果的花也很简单。但与柳树、榆树不一样的是，我们没有看到无花果的花，并不是因为它的小和不显眼，而是因为它的花序太不简单。无花果的花序叫作隐头花序，形象点说，它的花隐藏在头状的花序里面。开花之初，它就以果实状的花序示人，慢慢由小变大，从未展开、开花、传粉、受精、果熟，都在围合起来的隐头花序里面进行，以至于人们误以为它没有花就结果了。

为了搞清楚这种比较特殊的花序，我们特意栽培了无花果（图 2-7），以便跟踪观察。无花果（*Ficus carica*）是雌雄异株的，图 2-8 是尚未成熟的小无花果（隐头花序）的解剖观察，其中 a 是小无花果的纵剖图；b 是纵剖面的局部放大，可以看到很多的小花；c 和 d 是从花序中挑出来的 2 种小花，c 为无性不育花，具 4 个花被，d 是它的雌花，可见子房、花柱和柱头。

图 2-7　无花果
A. 全株；B. 小无花果放大

夏季到了，无花果成熟了，再来看看成熟的红色无花果发生了什么变化。图2-9中无花果雌株上，果实已明显变大；将成熟无花果纵向剖开，发现原来的小花已经不见了，取而代之的是白色的小果。

从图2-8、图2-9中可以看出，纵向剖开的无花果上方都有一个小孔，这是什么结构呢？它的作用又是什么？

无花果的花序确实复杂，同样复杂的是它的传粉过程。柳树、榆树花的构造简单，雌蕊、雄蕊直接暴露在空气中，花粉是通过空气传播的，这种类型的花在植物学上叫作风媒花。无花果的花从一开始就封闭在隐头花序中，它的花粉是通过昆虫传播的，植物学上称之为虫媒花。图2-8、图2-9中无花果上端的开孔，就是传粉昆虫进出的通道。

给无花果传粉的是一类很特别的昆虫——榕小蜂，它与无花果的花形成了严格的共生关系，在它进进出出无花果的端口，忙着采蜜、配对的时候，也为无花果的雌花和雄花搭起了传粉、受精的桥梁。

有传言道，每一个好吃的无花果里都藏着个死黄蜂。从无花果的传粉过程来看，这个传言不无根据。

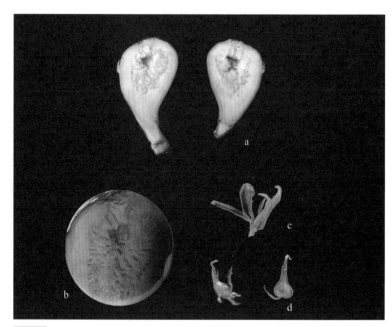

图2-8　尚未成熟的小无花果

a.刚长出来的小无花果（隐头花序）纵剖，里面有很多小花；b.解剖镜下隐头花序局部放大；c.花序上端的无性不育花，具4个花被；d.花序下端的雌花，可见子房、花柱和柱头

图2-9　无花果植株和成熟的果实

图 2-10　桑树的枝条及果实（桑葚）

江南地区分布的薜荔（Ficus pumila），还有南方地区常见的榕树（Ficus microcarpa）与无花果是亲缘关系很近的"亲戚"，从学名上就可以看出它们是同一个属的，都属于桑科榕树属（Ficus）。榕树属植物的共性特征十分显著，除了隐头花序外，它们的叶柄基部具托叶环，枝叶折断后会见到白色的浆液。据此可以归纳为：枝叶有浆托叶环，隐头花序花单性。

热带、亚热带有很多榕树属的植物，即便我们不认识，但如看到某植物具有上述特点，就可以确定其为榕树属的。

华东师范大学马炜梁老师对无花果和薜荔的花、花序及其传粉、受精过程进行了几十年的跟踪研究，并做了极为详细而又精彩的记载，如果你想知道隐头花序的更多秘密，可参见马炜梁老师的著作《植物的智慧》和《中国植物精细解剖》。

桑科的植物有很多种，桑葚是桑科中我们熟知的另一种水果，它是桑树（Morus alba）的果实（图 2-10）。桑树的花也是"简约之花"，只有花萼，单性，许多这样的花再组成柔荑花序；桑葚是由整个花序发育形成的果实。像桑葚和无花果这样的由整个花序发育而成的果实，我们称为聚花果。

拓展 2-2　　　　植物的学名

所有已知的植物都有自己的名字，方便人们交流。但是，不同地区、不同语言中，植物的名字却有所不同，同物异名和同名异物的现象十分普遍，这就给交流和利用造成了不小的麻烦。

比如大家熟悉的"地瓜"。在网上搜"地瓜"，可以得到这样的解释——地瓜在中国南方与北方分别指两种不同植物的块根。北方地区主要指红薯、番薯，而南方部分地区（四川、重庆、湖北等地）指豆薯（沙葛），是不同的物种。这种现象叫做同名异物。进一步查下去，北方的地瓜还有山芋、红苕、甜薯、白薯、番芋、番葛、金薯、地萝卜、山药等别称；南方的地瓜也有土瓜、凉瓜、凉薯、薯瓜、番薯等别称。这种现象就是同物异名。这就使南北不同地区的人在一起谈论地瓜时容易产生混淆。可以想象，如果是不同国家、不同语言的人进行有关植物的交流时，因名字不统一而引起的麻烦会更大。

解决这个问题，避免交流时的麻烦，就需要植物有一个全世界都认可的统一的名字，或者按照一种统一的规定或方式给所有已知的植物加上各个地区、各种语言都能接受的唯一的名称——学名（Scientific name）。

说到学名，就不能不说到林奈及其在1753年的伟大贡献。虽然很多人研究过植物的统一命名方式，林奈所采用的"双名法"也不是他的首创，但林奈的工作最深入、最广泛，也最完善。林奈采用双名法命名了将近1万种植物，其中大多数至今仍在使用。

林奈提倡采用并发扬光大的"双名法"的主要规定是：植物的学名由2个拉丁词构成，第一个词是属名，首字母必须大写，它

是一个名词，表示该植物所在的属；第二个词是种加词，首字母不需大写，它是一个形容词，表示该种植物的某种属性，如用途、产地、习性、形态特征等。双名法可以用下列公式简要表示：

植物的学名（种名）=（植物所在的）属名 + 种加词

有些书上把后面一个词误称为种名，这是把它的性质搞错了。"双名法"的学名就像人的姓名，由姓和名两部分组成，姓代表家族，名表示家族中的某一个成员。属名相当于人的姓，表示该植物所在的家族；种加词相当于人的名，补充说明该植物的特征，在家族中所处的位置。

在一些文献中，植物学名的种加词后面还有一个或几个词，那是命名人的名字。命名人有时是1个人，有时不止1个人。一些著名的植物学家的姓名可以采用缩写的形式，其中只有林奈的姓名拉丁文可以缩写为"L."。"L."在很多植物的种加词后面都可以见到，如月季的学名 *Rosa chinensis* L.。这是一项特别的荣誉，古往今来也就是林奈一个人有资格享受这种缩写到一个字母的"待遇"。

基于学名具有严格的唯一性和很强的专业性，这就要求使用学名需要谨慎，除非必需，一般使用中文名即可。现在一些普通性质的刊物，或是在公园、校园里，时常可以发现学名用错的现象。有的植物的定名过程比较复杂，争议较多，命名人姓名有很长一串，如果对植物分类学专业不熟悉，也很容易出错。如果不是要求严格的分类学专门文献，学名可以就采用双名法，不用加上命名人。

第三章　蔬 菜 之 家

——十字花科

1. 蔬菜之家有哪些成员

说到蔬菜，我们就更熟悉了，我们每天都会吃蔬菜。习惯上，蔬菜一般分为叶菜类、根茎类、果蔬类、豆蔬类、葱蒜类等，但在植物分类学上，它们分别属于不同的科。当然，人们在餐桌上与在花园里不一样，通常是把注意力集中在菜的美味上，不太会去关心这个菜是什么，更不关心它是哪个科的。

但是，还是有一些具有职业爱好或专业兴趣的人，会去关注这个菜叫什么，属于哪个科。

所谓蔬菜之家，顾名思义，这是蔬菜荟萃之地，能够配得上这个名号的植物家族非十字花科莫属。在我们平时膳食中的蔬菜名单中，叶菜类蔬菜，如大白菜、青菜、鸡毛菜、塌棵菜、卷心菜、荠菜、雪里蕻、芥菜等；根茎类蔬菜，如萝卜、大头菜等，此外还有著名的油料作物油菜等，都是十字花科植物。其他仅菠菜（藜科）、苋菜（苋科）、芹菜（伞形科）、蓬蒿菜（菊科）等少数绿叶菜不属于十字花科。

蔬菜之家，十字花科植物占了大多数，而且主要来自芸苔属（*Brassica*）。按照《中国植物志》的记载，芸苔属"约40种，多分布在地中海地区；我国有14个栽培种、11个变种及1个变型；本属植物为重要蔬菜，少数种类的种子可榨油；为蜜源植物；某些种类可供药用"。

除了叶菜类、根茎类蔬菜之外，果蔬类主要指茄科、葫芦科蔬菜；豆蔬类主要指豆科蔬菜；葱蒜类主要指百合科蔬菜，这些都是属于别的"家族"。

2. 为什么属于十字花科

这些广为人知的叶菜类蔬菜为什么都属于十字花科？这就是十字花科的性奥秘所在了。

十字花科植物的花在外观上有一个显著特征——花瓣四片，呈十字形。白菜、青菜、卷心菜等的花都是这样，只是我们菜场里买到、厨房里用到、餐桌上吃到的这些蔬菜都是没有花的。因为花是植物的性器官，一旦蔬菜开花，菜也就没有营养、不好吃了。花椰菜倒是以花为食的，不过也不会有人在下锅前、入口前先看看它长了几片花瓣。油菜（*Brassica napus*）利用的是籽，倒是有机会看看它的花，而且现在有很多地方专门是油菜花的观光、旅游胜地，可以看清楚它黄颜色的十字形花瓣（图3-1、图3-2）。

但是，开花具有4个花瓣的植物又不全是十字花科的，如桂花、丁香，它们的花瓣也都是4片的。那么，十字花科还有哪些重要的特征呢？

这里我们选取了美丽的紫罗兰（图3-3），以它为例来讲一讲十字花科的花。紫罗兰（*Matthiola incana*）很漂亮，名气很大，除了外观上的十字形花冠外，其解剖结构也有非常显著的特征。

图 3-1　油菜花花海

图 3-2　油菜花近观（黄色的十字形花冠）

图 3-3　紫罗兰

图3-4是紫罗兰花的分解展示，这是我们经常使用的排列方法，其结构清晰全面，可以清楚地看见花各部的形状和数量。为了进一步呈现花的精细结构，我们还使用了微距镜头，有些特别细微的结构则利用解剖镜辅助拍摄（图3-5）。

从图3-4、图3-5可以看到，紫罗兰具4片分离的花瓣，呈十字形排列；雄蕊4长2短，为四强雄蕊；雌蕊1个，具2个柱头。子房结构见下文图3-12、图3-14，它由2个心皮组成，胚珠着生在两侧，中央有一个假隔膜，为侧膜胎座。因此，归纳起来，十字花科植物的共同特征是：花瓣四片十字形，四长两短六雄蕊，雌蕊一枚两心皮，侧膜胎座为角果。符合这些特征的植物，我们就可以说它们是十字花科的。

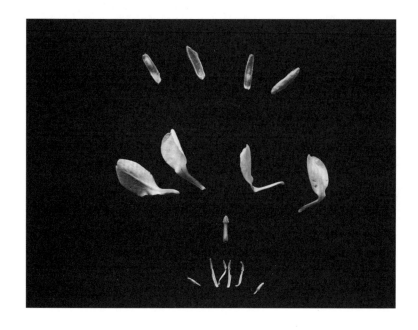

图3-4　紫罗兰花分解
由上而下依次为：花萼4个、花瓣4片、雌蕊1个、雄蕊6个（4长2短）

图3-5　紫罗兰花及雄蕊、雌蕊
a. 花外观，示花梗、花萼、花瓣；b. 花正面近景，示十字形花冠；c. 去花萼、花瓣，示雄蕊和雌蕊，雄蕊6个，4长2短，为四强雄蕊；d. 去花萼、花瓣、雄蕊，示雌蕊，它的子房长，花柱很短，柱头2个

拓展 3-1   被子植物花冠与雄蕊的类型

花瓣联合起来统称为花冠。花冠有各种类型，主要按其形状称之，如十字花科植物的花瓣有4片，呈十字形排列，就称之为十字形花冠；豆科植物的花冠状如蝴蝶，被称为蝶形花冠等等，图3-6、图3-7是一些常见的植物花冠类型。

植物的花冠，根据花瓣是否结合分为离瓣花（图3-6）和合瓣花（图3-7）两类，并且这是在恩格勒分类系统中很重要的两个分类群。离瓣花中的三类花冠主要以蔷薇科、十字花科和豆科植物为代表。合瓣花中的a、b见于菊科植物，在菊科的头状花序中，其边缘为舌状花冠，中央为管状花冠；c主要以唇形科、玄参科植物为代表；d和e则比较分散，在报春花科、杜鹃花科、木犀科、茄科、旋花科等科中可以见到。

需要说明的是，这些花冠类型只是部分植物花冠的情况，有不少类型没有列举，还有更多类型的花冠较难归类。

雄蕊由花丝和花药组成，因花丝或花药的着生方式、是否结合等分成多种类型。图3-8列举了一些常见的雄蕊类型。

四强雄蕊，一共6个雄蕊，4长2短。十字花科植物花的雄蕊就是这种样式。

二强雄蕊是唇形科植物花的特点，一共4个雄蕊，2长2短。

聚药雄蕊，菊科植物花的雄蕊就是这副模样，通常是5个相邻花药结合形成花药管，围合着中间的雌蕊，但它的花丝却是分开的。

二体雄蕊是豆科植物雄蕊的特征，花共有10个雄蕊，其中9个雄蕊的花丝相邻结合，围成不闭合的管状，另一个则单独偏于对面，形成（9）和1的二体雄蕊。

图3-6 花冠的类型之离瓣花

a. 蔷薇型花冠；b. 十字形花冠；c. 蝶形花冠；d. 蝶形花冠的分解（上为旗瓣，左、右为翼瓣，下为龙骨瓣，中央为雄蕊和雌蕊）

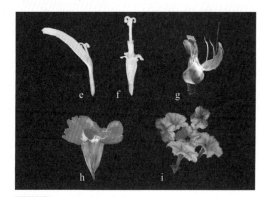

图3-7 花冠的类型之合瓣花

a. 舌状花冠；b. 管状花冠；c. 唇形花冠；d. 漏斗状花冠；e. 高脚碟状花冠

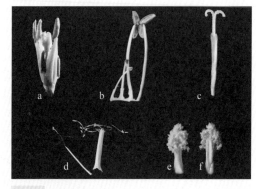

图3-8 雄蕊的类型

a. 四强雄蕊；b. 二强雄蕊；c. 聚药雄蕊；d. 二体雄蕊；e，f. 单体雄蕊

单体雄蕊见于锦葵科植物的花，它的花丝围合成管，花药在顶部分开。

同样需要说明的是，尚有未列举的雄蕊类型，而且大多数植物的雄蕊是单独着生的，并未构成这些特别的形式。无论是花冠类型还是雄蕊类型，这里虽没有列举齐全，但花冠或雄蕊的类型与科的对应关系却是重要的，对于我们学习植物的分类，了解植物的性奥秘是很有用的。

拓展 3-2　被子植物雌蕊之心皮、胎座

雌蕊的外部组成比较简单，从上到下包括柱头、花柱和子房三部分。但是雌蕊的内部构造要复杂得多，不同的花还不太一样，这些特征还往往是分科的重要依据。

要讲清楚雌蕊的内部构造，必须先讲清楚心皮这个概念。心皮的定义是"构成雌蕊的基本单位"，但它是如何构成雌蕊的？一个雌蕊又包括几个这样的基本单位？讲清楚这个问题是一个比较复杂的过程。

花的中央有一个雌蕊，它由子房、花柱和柱头构成。如果柱头有3个，通常就代表有3个心皮。在心皮围合成子房的情况下，花柱是由这3个心皮延伸部分围合成的管道，只是这3个心皮的顶部是分离的，能显现出原来的心皮数。一般情况下，有几个柱头就有几个心皮。不过只有1个柱头的，它可以是1个心皮，也可以是几个心皮以及柱头均

结合的情况，这个时候要判断雌蕊由几个心皮组成，就需要把子房解剖开来看了。

在有些花的中央有好多单独的雌蕊，这样的雌蕊我们称作离生雌蕊，每个雌蕊由1个心皮构成，如蜡梅科。一个雌蕊由几个心皮结合构成的就称作合生雌蕊，如十字花科的雌蕊就是由2个心皮结合成的合生雌蕊。

我们再来看看梧桐（*Firmiana platanifolia*）刚成熟开裂的果实。梧桐花的雌蕊为5个心皮的离生雌蕊，每个心皮构成1个子房。果时开裂，5个子房发育而来的果实自然下垂（图3-9A），绿色叶状的是它的果皮，从来源说也就是心皮（心皮其实就是适合繁殖的变态叶）。心皮在花时闭合成室（子房），内有胚珠，受精后发育成果实，心皮也就形成果皮，胚珠发育成种子。我们把梧桐的果实反转、打开（图3-9B），可以看到种子（胚珠）

腹缝线
背缝线

图 3-9　梧桐的果实
A. 正常下垂状态；B. 果实翻转

着生在两侧边缘。未成熟时，果皮（心皮）的两边是愈合的。种子（胚珠）着生的部位叫作胎座，胎座的延伸线，也就是果皮（心皮）愈合处叫作腹缝线，相应地把与腹缝线相对的，也就是果皮（心皮）中央相当于主脉的地方叫作背缝线。

还有一个生活中的经验可以类比。我们剥豆角的时候，常常会先抽掉豆荚中间的一根筋，这根筋就是它的腹缝线，腹缝线抽掉后，两瓣果皮就分开了，剥起来就容易了。

顺便说明，这里说到的梧桐与上海街头常见的法国梧桐是不同的树，不少人时常将两者混淆。古语"梧桐一叶落而知秋"说的正是文中此种，那时国人还不知道法国梧桐呢。

子房中因胎座位置和腹缝线愈合的方式不同通常分为6种胎座类型（图3-10）。

1）边缘胎座：子房1心皮1室，胚珠着生在腹缝线上，如豆、桃、梧桐、白玉兰等。

2）侧膜胎座：子房由2或多个心皮合生成1室，胚珠沿腹缝线着生，常见的有十字花科（各种菜类）2心皮1室和葫芦科（各种瓜类）3心皮1室的两类侧膜胎座。

3）中轴胎座：子房多心皮多室，心皮边缘（腹缝线）在子房中央连合形成中轴，胚珠着生于中轴上，很多不同科的植物的胎座是这种类型。

4）特立中央胎座：子房多心皮1室，中间无隔膜但有一中轴，胚珠着生在中轴上，常见的观赏植物如石竹、报春花等是这种胎座。

5）顶生胎座：子房1室，胚珠着生于子房室顶部，如桑。

6）基生胎座：子房1室，胚珠着生于子房室基部，如向日葵。

中轴胎座可见于很多植物，剖开它们的子房可以看到有数个空室，中间有各心皮愈合的中轴，胚珠着生在中轴上。而且中轴胎座的特征很分散，很多的科具有这样的胎座型式。相对来说，边缘胎座、侧膜胎座和特立中央胎座则比较局限，仅与某个或某几个科相对应，这样的现象在植物"家族"的划分与确定上意义较大。比如侧膜胎座主要见于葫芦科和十字花科植物。葫芦科包括很多瓜类，将西瓜横切，可以看到西瓜籽呈3堆，分布在边上，子房中央在花时是空隙，果时则为充满水分的疏松组织所填充，也正是西瓜最好吃的部分。这就是3心皮合生成1室的侧膜胎座。本章介绍的十字花科则是2心皮合生1室的侧膜胎座。下页图3-12B的油菜花子房横切图上可以看到有2个房间（室），但是由于胚珠是着生在子房室的两侧而不是中央，所以这样的子房仍算1室，中间的隔膜称为假隔膜，这样的着生方式还是侧膜胎座，而不是中轴胎座。边缘胎座和特立中央胎座在后文相关的"家族"再作分解。

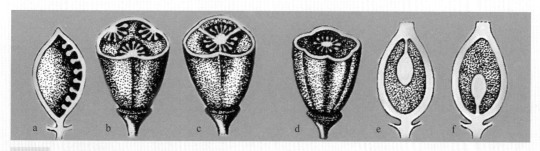

图3-10　胎座类型模式图（引自陈坚，2012）
a.边缘胎座，单子房；b.侧膜胎座，单室复子房；c.中轴胎座，多室复子房；d.特立中央胎座，单室复子房；e.顶生胎座；f.基生胎座

3. 长角果和短角果

十字花科是一个大家族，全世界有 300 多属 3 000 多种，我国有将近 100 属 500 种左右，可能其中大多数种类人们都不认识，即使平时生活中会接触到不少十字花科植物。但十字花科这个"家族"的特征却十分明显而稳定，除了四强雄蕊、2 心皮 1 室的侧膜胎座的特征需要通过解剖观察，并要有一定的专业基础外，它的十字形花冠加上特定的角果，在外观上还是很容易辨认的，并确定它是不是属于十字花科。

图 3-11 是油菜花的近观图，它同为 4 个花萼、花冠，中央是 4 长 2 短的雄蕊，围绕着细长形的子房。然后，我们再来看看它的果实（图 3-12）。

图 3-11　油菜花近观（示花萼、花冠、雄蕊、雌蕊）

图 3-12　油菜花果实
A. 田间图；B. 横切和纵剖图

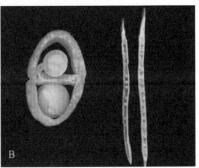

油菜花的果实细长形，成熟后会开裂，种子着生在两侧而不是中央，也就是2心皮1室的侧膜胎座，果实的横切也证明了这一点。油菜花这样的十字花科植物的果实被称为角果。

角果分2类，一类是如油菜花的果这样细长形的，叫作长角果；另一类角果是圆球形、三角形等，叫作短角果，如荠菜（*Capsella bursa-pastoris*）的三角形的短角果。

荠菜也是十字花科植物，上海地区早春二月即可见其开花、结果。它的花、果均小，仅数毫米，但十字形花冠明显，雄蕊亦4长2短；果呈三角形，剖开可见与油菜果实相似的构造（图3-13、图3-14）。

图3-15是碎米荠（*Cardamine hirsuta*），十字花科的另一种野生草本植物，可当作野菜，上海草地常见，花果期与荠菜相近，也是十字形小白花，但果实为长角果。

图3-13　荠菜的花、果
A.植株上的花、果序；B.十字形花冠特写

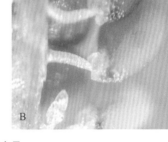

图3-14　荠菜的短角果
A.短角果外观及剖开；B.果实内部放大，示胚珠着生

图3-15　碎米荠
a，b.花、果放大；c，d.植株

4. 蔬菜之家的漂亮成员

　　因为十字花科包括了好多蔬菜种类，它们属于农作物，所以这个科似乎也沾上了泥土气息。实际上除了可以食用的蔬菜之外，十字花科也有很漂亮的可以观赏的种类，除了前述的紫罗兰外，还有羽衣甘蓝、诸葛菜（二月蓝）等。因此，十字花科不仅是一个大家族，而且还是一个经济价值较大的家族。

　　图 3-16 是花叶卷心菜，又叫羽衣甘蓝（*Brassica oleracea* var. *acephala*），它是芸苔属甘蓝的一个观叶变种，这些看起来色彩斑斓，有点像花，但实际是它的叶。羽衣甘蓝叶片皱缩，色彩变化多样，有白黄、黄绿、粉红或红紫等，图中为黄绿和红紫 2 个系列。羽衣甘蓝经常栽种在花坛里，或是组合成各种形式的

图 3-16　两种色彩的羽衣甘蓝

绿化景象，是早春一种优美的观叶植物。它的花期 3 月，大致惊蛰过后开始长出花葶，开出黄色的十字形花。图 3-17 是它的花及花各部的分解，花冠十字形，花萼、花瓣各 4 枚，雄蕊 6 个，雌蕊 1 个，子房细长——十字花科无疑。

图 3-17　羽衣甘蓝的花

A. 特写；B. 各部分解

图 3-18 是诸葛菜（*Orychophragmus violaceus*），花较大，花瓣蓝紫色，呈十字形，早春开花，故又名二月蓝，果为长角果。图 3-19 是诸葛菜花的解剖图，你是否还记得它们各部分的名称和特点呢?

图 3-18　诸葛菜

A. 诸葛菜植株; B. 诸葛菜的花; C. 诸葛菜的长角果

图 3-19　诸葛菜花各部分解

第四章

——

蔷薇科

花 木 、 水 果 之 家

1. 先赏花后品果

一年之花在于春，温带地区几乎从早春二月起，一直持续到暮春、初夏，梅花、李花、杏花、桃花、樱花、梨花、海棠花、苹果花、木瓜花等渐次开花，装点我们的环境。到了夏天，这些花木又先后结果、成熟，并延续到秋天，为我们的生活提供营养丰富、口味多样的各种水果。

你知道吗？上述这些漂亮的花木、美味的水果，在植物分类上都属于蔷薇科。

江南的春天几乎都是由蔷薇科植物的花装点的。在上海市区常见的，最先是梅花，接着是红叶李和李花，然后桃花、樱花、海棠花、梨花相继开放，再晚点还有日本晚樱等。

被子植物约有 400 个科，其中蔷薇科可能是人们接触广泛、了解较多的一个科，除了梅花、桃花、樱花、海棠之外，很多人还能说出月季、玫瑰、蔷薇，或者还能说出草莓、枇杷、山楂等。确实，蔷薇科的知名度很大，美誉度也很高。

让我们先来观赏一些春天里竞相开放的蔷薇科的美丽花木。

图 4-1　梅花近观

图 4-2　梅花的果枝（果梗短，果实被短柔毛）

图4-3　紫叶梅

🌿　图4-1~图4-3是一组梅花（*Armeniaca mume*）的花、果及开满花的枝条。梅花的花期在冰雪尚未消融的冬末春初，几乎紧随着蜡梅开放，以至于有人会混淆两者。梅花先于叶开花，也就是开花时叶尚未长出，满树皆花，煞是好看。梅花的花梗很短，花几乎贴在枝条上生长（图4-1）。梅花的果期5月，果皮有短柔毛，果梗也极短（图4-2）。图4-3是梅花的一个紫叶品种。梅花的品种很多，花瓣的颜色主要为白色至粉红色，其他颜色很少见。栽培观赏的以重瓣的居多，单瓣少见。

　　梅花很漂亮，也广为栽培，爱梅的人很多，是我国国花的"候选者"之一。

图 4-4　红叶李

A. 开花枝条；B. 花特写；C. 雄雌蕊（上为雄蕊，多数；下为雌蕊，1 个）

图 4-4 是红叶李（*Prunus cerasifera*）开花的枝条及花的解剖。红叶李花期 3 月，略晚于梅花，也是先开花后长叶，花单瓣，白色，花有明显的花梗。在春天的花季中，因它特别的红叶而容易与别的种类区分开来。从它的解剖图上我们可以进一步了解植物花的构造：由外向内依次为花萼、花瓣、雄蕊、雌蕊。红叶李的雄蕊较多，围着中间的雌蕊。把花瓣、雄蕊去掉之后，露出了中间的雌蕊，可见 1 条花柱 1 个柱头，花柱较长。它

的子房深藏在花萼结合成的萼筒里，还需要再把萼筒剖开才能见到，且待后文细说。

图 4-5 是梨花（豆梨，*Pyrus calleryana*）。梨花的花期稍晚，大约在清明前后，与桃花、樱花等的花期相差不多。图 4-5 是梨树的全景和梨花特写。梨花盛开，满树香雪，自古以来，关于梨花的诗词佳句也被广为传诵。

上海常见的观赏梨树主要为豆梨，偶见杜梨。与同期其他花

木比较，梨花的花梗、叶柄均较长，花瓣洁白，最显著的与众不同点是梨花的花药紫红色，别的同期开花的植物的花药一般都是黄色（图 4-5C）。

梨树为人们所熟知，更多的是因为其是水果的缘故。果树梨的花形态相似，同样美丽，与观赏梨的区别主要在果的大小。观赏梨的果实一般都较小，直径不到 2 厘米，但两者果皮很相似，可以推断这些小小的"梨"与我们吃的梨是"近亲"。

图 4-5　梨花

A. 梨树全景；B. 梨花；C. 花药紫红色

图 4-6 是桃花 (*Amygdalus persica*)。桃花的花期是 4 月初，花叶几乎同放，花梗很短，与梅花相似，叶片为披针形，形态上与其他春季花木的叶差别较大。桃为人熟知不仅仅因为它美味甘甜的果实，每年举行的桃花节也让上海市民大饱眼福。上海的公园、绿地中栽培供观赏的桃花也十分普遍。

图 4-6　桃花

图 4-7 是垂丝海棠 (*Malus halliana*)。垂丝海棠在上海广为栽培，公园、绿地、校园、小区都可见到，上海人民广场有一片规模很大的垂丝海棠。它的花瓣粉红色，与桃花相近，显著特点是花梗细长而下垂，花梗、花萼深红色，在春季同期花木中独树一帜。

图 4-7　垂丝海棠
A. 花枝近观；B. 垂丝海棠远景

图4-8 是杏花 (*Armeniaca vulgaris*)。杏花也是早春先花后叶的花木，花期稍晚于梅花。花梗亦短，叶宽卵形。杏花在上海栽种很少，踪影难觅，本地农民也几乎不种果用杏树，不过在上海中医药大学有难得一见的一片杏花林（图4-8A）。

杏花的花很有特点：在未开放之前是红色，开放时是粉红色，等花落时变成白色。最特别的是它红色的花萼，当花盛开时，花萼外折（图4-8D）。杏花的果实就是我们熟悉的杏。

图4-8 杏花

A. 上海中医药大学杏花苑中的杏花；B. 杏花近景；C. 杏花的果实（杏）；D. 花萼红色，外折

图 4-9 樱花及树干上的皮孔

再来看看樱花。近年来樱花很受广大市民喜爱,上海栽植樱花的地方也越来越多,尤其以顾村公园、滨江森林公园、同济大学、中环虹梅路绿带等地的樱花最具人气。

春季可观赏花木很多,樱花不同于其他花木的显著特征是它的树皮具眼状的皮孔,在树干上形成环形的横纹(图 4-9)。此外,樱花的叶卵形,先端渐尖,锯齿尖锐,叶柄近叶处常有 2~3 个腺体。这里所说的樱花是一个泛称,樱属(*Cerasus*)的多种樱花,乃至若干种樱桃都有这些特点,可以据此与其他非樱属的植物区分。

上海栽植的樱花种类不少,其中栽培最多的是大家称为樱花的,《中国植物志》上的正名为山樱花(*Cerasus serurata*),它也是春天各大公园、校园赏樱的主要对象。图 4-10 是摄于上海植物园的山樱花。山樱花原产我国和日本,各地广为栽培,历史悠久。花瓣有白色的,也有粉红色的,花梗较长(图 4-11)。

图 4-10 山樱花

图 4-11 山樱花
A. 花瓣白色;B. 花瓣粉红色

图 4-12　日本樱花

另有一种日本樱花（*Cerasus yedoensis*），也叫东京樱花，原产日本，上海栽植也不少，同济大学漂亮的樱花大道上种的就是日本樱花（图 4-12）。两者的区别是，山樱花的花梗、花萼及子房均无毛，而日本樱花上述各部均有毛（图 4-13）。

图 4-13　山樱花及日本樱花
A. 山樱花近观；B. 山樱花解剖；C. 日本樱花

图4-14　日本晚樱

A，B. 开花枝条；C，D. 花特写

櫻花还有很多园艺品种。图4-14是日本晚樱（*Cerasus serrulata* var. *lannesiana*）的枝条和花近景。日本晚樱引自日本，是山樱花的一个重瓣变种，叶边缘有须芒状的锯齿，花粉色、重瓣。花期4月下旬，晚于前述诸种花木，是晚春的重要观赏花木。

另外，还有比较特别的绿樱（图4-15）和垂樱（图4-16），都是樱花的园艺品种。绿樱不多见，在上海共青森林公园和顾村公园可以寻得它们的踪影。

图4-15　绿樱

图 4-16　垂樱

A，B.下垂的枝条；C，D.花特写

　　这些好看、好吃的植物都属于共同的"家族"——蔷薇科。上面介绍的都是春季开花的观赏花木，它们只是蔷薇科的很小一部分，蔷薇科是一个有 3 000 多个种的大家族，还有更多成员有待我们继续呈现。

拓展 4-1　　　　　重 瓣 花

重瓣花是指花瓣有多重（轮）的花，如前面提到日本晚樱就是重瓣花。平时常见的重瓣花还有月季、玫瑰、蔷薇、山茶、牡丹、芍药、木芙蓉等。重瓣花大而美丽，花型变化丰富、奇特，具有立体美，常常是花卉爱好者的最爱。

不过，很多人并不清楚重瓣花是怎么来的。

我们先要明确，这里所说的重瓣花并不是植物分类上的概念，它是一个园艺学概念，是人工选育的园艺产品。它不同于植物学上的花被多数的现象，如蜡梅、莲花、睡莲等均花被多数，这是植物自有的性状，不是我们所说的园艺学意义上的重瓣花。

园艺学上的重瓣花是人工定向选择的结果。正常的花大多数是单瓣的，从来源来说重瓣花的花瓣是雄蕊变来的。我们平时所见到的重瓣花，如牡丹、月季、山茶、木芙蓉等的一个共性是花有很多雄蕊，也就是说有足够的雄蕊可以变化成花瓣。从花各部着生的位置来说，重瓣花的最外面一轮花瓣才是它本来的花瓣，里面的花瓣都由雄蕊变化而来。

当我们把一朵木槿的花瓣翻开，常会发现"花瓣"之间还夹生着若干雄蕊（图4-17A），这是重瓣选育中残留的未完全变成花瓣的雄蕊。按照花各部着生的规律，花瓣一般都是长在雄蕊外面的，木槿长在雄蕊群中间的花瓣恰好说明它们是雄蕊的异化，或者可以说这是在人工把雄蕊变为花瓣的定向选育中，部分雄蕊的返祖。木槿是锦葵科的，它的一个特点是雄蕊的花丝下部结合成管，即单体雄蕊。当我们去掉一些外面的花瓣，可以看到重瓣的花瓣都是着生在花丝管上而不是着生在花托上的，这就进一步证明，这些重瓣的花瓣确实是雄蕊变来的（图4-17B）。

自然条件下，雄蕊也会出现花瓣状的变异，这是园艺育种的基础。当人们发现了这样的变异，而这样的变异又具有较高的观赏性，人们就可定向驯化，从而产生了丰富多样的重瓣花。

花瓣与雄蕊可以变来变去，也从一个侧面说明，花确实是植物适合繁殖的极度缩短的枝。花萼、花瓣、雄蕊、雌蕊不过是枝上来源相同的构件在不同功能上的分化。

图 4-17　木槿
A. 花瓣之间的雄蕊；B. 着生在花丝管上的花瓣

2. 为什么属于蔷薇科

春暖花开，缤纷争艳。很多人分不清桃、李、梅、杏，辨不出梨花、海棠、樱花，因为它们的花型和大小的确有点相似。图4-18是梅花的近观和纵剖图，可以看到这些花木共同的特点：分离的花瓣5枚，雄蕊多数，两者均着生在花萼形成的萼筒的筒口边。这是蔷薇科与其他科的最大区别：花萼结合花瓣分，萼瓣各五雄蕊多，花瓣雄蕊生萼筒。

在这个共性之下，蔷薇科植物的雌蕊却各有特点，一般外观可见花柱、柱头，子房往往深藏不露而又各有奥秘。图4-18中的梅花所代表的只是其中的一种雌蕊情况——蔷薇科李亚科的壶状萼筒，内藏子房，子房上位。

图 4-18　**梅花**
A. 花近观，花瓣5片，分离，雄蕊多数；B. 花纵剖，花瓣、雄蕊生于萼筒口边，子房藏于萼筒中

3. 蔷薇科还分四个亚科

我们的生活可以说离不开、缺不了蔷薇科。除了上述植物之外，我们熟悉的还有可以吃的草莓、枇杷、樱桃，可以观赏的绣线菊、月季、棣棠。蔷薇科植物种类众多，形态各样。从植物营养体的角度看，蔷薇科植物中，草本或灌木、乔木，直立或匍匐、攀缘，单叶或复叶，有刺或无刺，几乎各种形态都有。从生殖器官的角度看，蔷薇科不似前一章的十字花科（十字形花冠、角果等）和后一章的豆科（蝶形花冠、荚果等）特征明显而又互为对应，可以说蔷薇科植物的花在花瓣、雄蕊方面很有共性，在萼筒与子房的关系上又各有奥妙——花萼筒状有深浅，子房位置有上下。这是蔷薇科的一大特点。

因此，依据花萼是否与花托结合，花托凸起或凹陷，雌蕊数目及其是分离还是结合，蔷薇科还可以分为四个亚科：绣线菊亚科、蔷薇亚科、李亚科和苹果亚科。

（1）绣线菊亚科

绣线菊亚科包括了一类漂亮的花灌木，植株一般都不高，花小，聚成伞形或伞房花序，是园林、绿地常见的观赏植物。图4-19是上海绿地常见的粉花绣线菊（*Spiraea japonica*），图4-19B、C是其花的特写，花瓣粉红色，雄蕊显著长于花瓣，伸出花外。我们进一步以粉花绣线菊为代表，把它的花解剖开来看看，除了蔷薇科共有的花瓣、雄蕊着生在萼筒边缘的特征之外，它的雌蕊特殊在哪里，还有一些什么奥秘。

从图4-20可以看到，绣线菊的花托凹陷，与花萼一起围合成浅杯状，杯底中央有雌蕊5个，各自分离，但紧挨着。雌蕊横切，可见5个1心皮1室的子房，是为边缘胎座。

除了蔷薇科的共性外，绣线菊亚科的萼筒和雌蕊的特点可以归纳为：花托凹陷浅杯状，心皮五离生杯底，子房上位花周位。

图4-19　粉花绣线菊

A.绿地中的粉花绣线菊；B.粉花绣线菊的花、叶特写；C.粉色绣线菊花近景

花柱 —

A

B

图 4-20　粉花绣线菊花解剖与近观图

A. 花解剖（花柱 5 个，短，深红）；B. 花近观及雌蕊横切（萼筒含 5 个分离的子房）

图 4-21 是另一种绣线菊，花小而密，开花时缀满枝条，好似雪花点点，因而得一形象的名字：喷雪花。《中国植物志》上的正名为"珍珠绣线菊"，意指它的花小而洁白如珍珠。它的学名是 *Spiraea thunbergii*，前一个词是属名，绣线菊属；后一个词是种加词，这是一个瑞典植物学家的姓，为纪念他而用作好多植物的种加词。

图 4-21　喷雪花植株

图 4-22   喷雪花

A. 开花枝条近观；B. 花特写；C. 花后近景（子房 5 个，受精膨大；花梗基部具若干小型叶）

　　图 4-22 是喷雪花的放大图及传粉、受精后的状态。花瓣、雄蕊掉落，花萼还在，围成了浅杯状的花托（萼筒），中央拱托着 5 个分离的受孕膨大的子房，形成蓇葖果。顺着花托、花梗（果梗）向下，可以看到花梗的基部簇生着数枚小型叶片，这是喷雪花的典型特征。

图 4-23　喷雪花解剖

a.花去花瓣；b.萼筒及子房纵剖；c.经萼筒中央纵剖

图 4-23、图 4-24 是喷雪花去掉花瓣后的纵剖及俯观图。喷雪花的花小，雌蕊更小，但在体视显微镜下还是可以窥见它的奥秘。

花的中央是一个浅浅的凹陷，可以说是花托顶端的膨大、凹陷，也可以说是花萼结合成的萼筒比较浅，不似前面所说的梅花的萼筒那般深。萼筒是花萼下部的围合，与花托上端的膨大连在一起。萼筒与花托密不可分也是蔷薇科的一大特点，只是在不同的亚科，两者的结合及其与子房的关系各有奥妙。

凹陷的浅浅的萼筒（花托）上着生有 5 个分离的雌蕊，每个雌蕊由独立的子房、花柱和柱头构成，每个子房只有 1 室。

图 4-24　喷雪花

A.花、叶外观；B.去掉花瓣、雄蕊后的萼筒顶面观

（2）蔷薇亚科

相对来说，人们对蔷薇亚科要了解得多些，因为有好吃的草莓，好看的月季、玫瑰。但人们未必清楚它们的雌蕊长什么模样，它们从子房受精到果实形成又经历了怎样的过程。

蔷薇亚科的雌蕊包括两种类型，一类以草莓为代表，花托凸起，雌蕊离生、多数，着生在凸起的花托上；另一类以蔷薇为代表，花托深陷成壶状，心皮各自分离，着生在壶状的花托内壁上。我们先归纳蔷薇亚科（除了蔷薇科共性以外）的主要特征，然后再具体呈现它们的独特样貌：花托凸起或壶状，雌蕊多数心皮离，子房上位花周位。

图 4-25 是我们再熟悉不过的草莓（*Fragaria × ananassa*），红红的果实，吃进嘴里还有一粒粒小"籽"。人们对草莓虽然熟悉，但未必知道我们所吃的草莓还有不少讲究。比如草莓的花，很多人采过草莓，却不清楚草莓的花是什么模样。

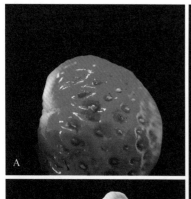

图 4-25　草莓的花、果及植株
A. 草莓果实；B. 草莓花；C. 植株

图 4-26　授粉后的草莓花，花瓣、雄蕊凋谢，子房开始发育

我们再看花瓣及雄蕊凋谢后的花，放大了仔细看看，图 4-26 中，中央是凸起的花托，其上密密麻麻着生着极多细小的雌蕊——露在外面很多丝状的结构是它的花柱和柱头，子房则埋在花托里面。当柱头沾上花粉后，花粉管顺着花柱萌发，伸到子房里，花粉管里的精子就释放到胚珠里，子房里的胚珠受精后发育成果实，也就是草莓小小的"籽"。同时，植物激素会刺激花托一起发育，花托就成了红红的水分多、甜度高的肥厚部分。这样的果实称为聚合果。

我们再来看看蔷薇亚科的另一类著名的成员，蔷薇、月季、玫瑰等，与前面不同的是，它们不是因为好吃，而是因为好看而名闻天下的。

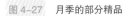

图 4-27　月季的部分精品

月季花（*Rosa chinensis*）原产中国，世界各地广为栽培，品种非常多，其花型大，花色丰富，观赏价值很高。图 4-27 是部分月季精品，图 4-28 是比较少见的单瓣月季。

图 4-28　**不多见的单瓣月季**

以月季为代表的这些因好看而被广为栽培的观赏植物，大多是重瓣花，它们的单瓣祖先现在却难得一见。要探究它们花的奥秘，单瓣类型往往比较直观和方便。好在我们还能在野外或在公园找到它们的"近亲"，依旧还保留着原始的风范。

🌿 图 4-29 是蔷薇（*Rosa multiflora*）。单瓣的类型是蔷薇的原种，通常野生居多，所以习惯上多被称为野蔷薇。它的学名中的种加词 *multiflora* 的意思是"多花的"，故又被称为多花蔷薇。绿地、庭院中栽植的大多是蔷薇的变种，如粉团蔷薇、七姊妹等，它们都是重瓣的。图 4-30 是蔷薇属的另一个种——小果蔷薇（*Rosa cymosa*），观赏价值亦较高。

图 4-29　**野蔷薇**

图 4-30　**小果蔷薇**

图 4-31、图 4-32 是月季的果实。虽然同为蔷薇亚科，月季的果实与草莓明显不一样，它是蔷薇亚科中蔷薇属所特有的一类果实——蔷薇果。果实的形成及其类型与雌蕊的结构有很大关系。蔷薇果的花萼结合成壶状的萼筒，雌蕊很多，独立着生在萼筒内壁，子房受精后形成小小的瘦果，再与包围着的萼筒一起形成蔷薇果。草莓刚好相反，雌蕊着生在凸起的花托上，形成的果也是突出在外的。尽管果实的外观差别明显，但因雌蕊多数、离生，着生在花托上等共同特征，这两种类型还是被归在蔷薇亚科中。

在月季果实的横切面和纵剖面上都可以看到，它的雌蕊有很多，虽紧挨着，但互相分开，子房基部着生在萼筒壁上，花柱互相纠缠在一起。特别值得注意的是，它的众多子房是各自分离的，各个子房除了底部接触萼筒（或花托）外，子房的其他部分不与萼筒（或花托）结合。

图 4-32　月季果的解剖

a，b.熟果及纵剖；c，d.幼果的横切、纵剖

图 4-31　月季幼果外观

（3）李亚科

对于李亚科，我们已经很熟悉，它的代表有梅、红叶李、桃、杏、樱花等，这是一类花色彩美丽、果营养丰富的乔木或灌木。在植物分类上，过去这些花木都是同一个属的——李属或梅属（*Prunus*），现在则倾向于细分，把桃、杏、樱等从李属中分出去，各自单列为属——桃属

（*Amygdalus*）、杏属（*Armeniaca*）和樱属（*Cerasus*），李属仍然保留。这也说明这些植物现在虽然不在一个属，但它们在性器官上的性状是相似的，差异是细微的。

李亚科植物的花的构造作为蔷薇科的代表，前文已经展示过，在这里，我们进一步到它的萼筒中探探雌蕊的奥秘。

图4-33是梅花的顶面观及雌蕊的纵剖和萼筒横切。顶面观可以看到萼筒中央有2条花柱，横切面上亦有2个子房，也就是说这朵梅花有2个雌蕊。李属植物在大多数情况下，萼筒中有1个雌蕊，但植物的变异现象经常发生，生物学有例外是常态，这样的"异常"也是正常的。

图4-33　梅花顶面观及解剖（萼筒中有2条花柱）
a.雌蕊纵剖；b.萼筒横切

图 4-34　樱桃
A. 花；B. 果枝

图 4-34 是 樱 桃 (*Cerasus pseudocerasus*)。樱桃是樱属的一种著名水果，果实不大，但十分惹人喜爱。它的树干、枝叶、花与樱花都很相似，花期 3 月，果期 5 月，均早于樱花（图4-34）。解剖樱桃的花，可以发现它的花瓣、雄蕊与梅花、樱花等一样，都着生在萼筒口边；萼筒中央有 1 个雌蕊，花柱细长，伸出萼筒外；子房深藏于萼筒底部，1 室；子房与萼筒壁分离，尽管看上去子房的位置很低，但它的底部着生点还是位于花萼筒底之上。像樱桃这样，子房着生位置高于花萼且不与花萼结合，花瓣环绕着生在子房周围，叫作子房上位周位花（图4-35）。所形成的果实称为核果，除樱桃外，还有桃子、杏子、梅子等。

归纳起来，除了蔷薇科共性以外，李亚科的主要特征是：花托深陷成壶状，雌蕊一枚一心皮，子房上位花周位。

图 4-35　櫻桃花

A. 花近观；B. 萼筒纵剖；C. 纵剖放大，子房 1 个，深藏

（4）苹果亚科

与李亚科相似，苹果亚科也包括了许多好看又好吃的树种，如苹果、梨、海棠、枇杷、石楠、火棘、木瓜等。苹果亚科的雌蕊是蔷薇科里最特别的。之前我们已经呈现过豆梨、垂丝海棠的花，在这里我们重点研究苹果亚科的果。

图 4-36　'高峰'海棠
A. 果枝；B. 落果；C. 果的纵剖

图 4-36 是 '高峰' 海棠（*Malus* 'Evereste'）的果枝、成熟后落在地面的果及其纵剖。成熟的果实直径大约为 2 厘米。果实的外观有点奇特，与桃、梅、杏等有明显的不同——果的顶端，也就是与果梗相对的另一端有数片小小的隆起。这些是果熟以后残留着的萼片。萼片怎么会长到果实的顶部呢？这就是苹果亚科雌蕊的特殊性之所在了。'高峰' 海棠的子房不仅藏在萼筒中，而且还与萼筒壁（也就是花萼的下半部分）结合在一起了。子房受孕后也就与萼筒壁一同发育成果实，而本就在子房上方的花萼上半部分（也就是分离的 5 个萼片）就长到了果实的顶端了。如果有心留意的话，苹果、梨及其他海棠果的顶端也有褐色的萼片残留，只不过没有 '高峰' 海棠这样明显。苹果亚科雌蕊的特殊性即子房下位，这样形成的果实叫作假果，除了子房外，还有萼筒壁（花托）参与一起形成。

植物花的某个结构在开花、结果后还残留下来的现象叫作宿存，宿存的萼片简称宿萼。除了花萼宿存外，花瓣、雄蕊、花柱等在某些植物也有宿存的现象，但一般不像宿萼这样有简称。

归纳起来，除了蔷薇科共性之外，苹果亚科的特征是：萼筒雌蕊相结合，心皮数枚围中轴，子房下位花上位。

拓展 4-2　　　　　　　　　子房的位置

　　子房的位置是指花中子房着生的方式及与花其他各部着生的位置关系，常见的有前文提到的子房上位和子房下位。

　　1）子房上位　子房仅以底部与花托或萼筒相连，与花的其余部分均不相连。子房上位又可分为两种情况：子房上位花下位和子房上位花周位。

　　子房上位花下位是指子房仅以底部和花托相连，花被、雄蕊着生的位置低于子房，见于豆科、石竹科、十字花科等多数植物；子房上位花周位是指子房仅以底部与杯状花托（萼筒）的中央部分相连，花被与雄蕊着生于杯状花托（萼筒）的边缘，如蔷薇科李属、绣线菊属植物。从纵剖图上看，前者如油菜、草莓的子房位置高于花其他部分；后者如樱桃、绣线菊子房亦属上位，但花的其他部分，特别是花瓣、雄蕊着生在子房的周围。

　　2）子房下位　整个子房埋于凹陷的花托（萼筒）中，并与花托愈合，花的其他部分着生在子房以上花托的边缘，故称子房下位花上位，如蔷薇科的梨、苹果、海棠等。

　　要准确判断子房的位置是一件不太容易的事。除了如前文将花纵剖观察、判断外，还有一个简便的办法：看花萼有没有与子房结合，如果是结合的就是子房下位，反之就是子房上位。当花后形成果实时，如有宿存的花萼或花瓣时，判断子房的上、下位则相对要容易得多。图 4-37 分别是柿子和海棠的果。柿子的花萼亦宿存，与果梗位于果的同一侧，这是子房上位的果实；海棠果的花萼与果梗分别位于果的两端，这就是子房下位的果实。石榴也是子房下位的典型。

　　月季的果实——蔷薇果是一个特例，从外观上看，萼筒包裹着里面的子房一起形成了聚合果，并且顶端还有残留的萼片，有点类似海棠果的子房下位。但实际上，仔细观察它的剖面图，可以发现它的子房并未与萼筒（花托）结合，所以月季是上位子房，蔷薇果是由上位子房形成的果实。

图 4-37　**子房的位置**
A. 柿子，子房上位；B. 海棠（*Malus*）的果，子房下位

4. 情人节送的是月季

　　蔷薇科最为著名的当属蔷薇属植物，其中又以蔷薇、月季、玫瑰最出名。但是人们又常常区分不开这三者，特别是月季与玫瑰，情人节送的往往是月季，而不是玫瑰。当然主要原因是它们长得像，不过也要怪现代育种技术使月季的花越来越大，越来越漂亮，以至于人们宁可相信这样美丽娇艳的花只有玫瑰才配。

　　在上海，一般公园、绿地里是见不到玫瑰的，去花店里买玫瑰，如果店主不是很懂行，拿给你的往往也是月季。植物园的蔷薇专类园里也是大片的月季，玫瑰虽然有，但数量不多，还通常要在植物园专业人士指点下才能见到它的真容。

　　玫瑰与月季究竟怎么区别呢？

　　图 4-38 是平时常见的月季，而图 4-39 就是玫瑰（*Rosa rugosa*）。由于栽培的关系，平时我们见到的月季或玫瑰通常都是重瓣花，两者的花型的确有点像。月季的花色比较多，玫瑰的花色多为粉红或紫红色。不过，它们的叶有不少明显差别。

图 4-38　月季　　　　　　　　　　　　　　　图 4-39　玫瑰

图 4-40　月季与玫瑰叶的区别

A.月季的复叶及托叶；B.玫瑰的复叶及
托叶

图 4-41　银川街头的玫瑰花

图 4-40 是月季与玫瑰叶的比较。两者都为羽状复叶，月季的小叶少，常有 3~5 片，叶面光滑，托叶条形。而玫瑰的小叶较多，常为 7~9 片，叶面皱褶具毛，托叶较大、卵形。如果没有开花，也可以据此区分两者。

相对而言，玫瑰在北方露地栽培较多，银川的市花就是玫瑰，图 4-41 是摄于银川街头的玫瑰花。玫瑰在上海难得一见，却在银川奢侈地用作最普通的绿化方式——绿篱。月季在南方的露地栽培普遍，并且品种丰富、花色繁多。

区分月季与玫瑰还有一个简单的方法：根据它们的花期来区分。月季又名月月花，花期较长，在上海几乎可以长年开花；而玫瑰花期较短，大致在每年的 5~6 月开花。因此，不论是外国的情人节，还是中国的情人节，都不在玫瑰开花的季节，这个时候也只好让月季花来代替了，但月季的美丽不输于玫瑰。

第五章

豆类之家

——

豆科

1.我们熟悉的豆类

说起豆类,大家一定非常熟悉。在我们吃的蔬菜中,豆蔬类则几乎都出自豆科,如蚕豆、豌豆、扁豆、刀豆、豇豆、毛豆、菜豆等。另外还有赤豆、绿豆、黄豆等,既可作为蔬菜,亦是优良的营养品(图5-1)。

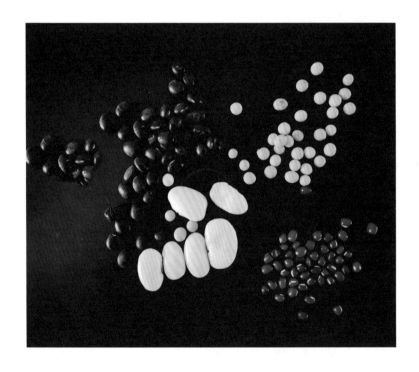

图 5-1　常见的各种豆

2.为什么属于豆科

作为豆类之家的豆科,最显而易见,也是最容易被认同的特征就是豆荚。上述这些常见的豆类,外面都有一个豆荚,剥开以后露出的就是我们熟悉的豆子。因此,在植物分类学上,就把这些豆子归属于同一个家族——豆科。

平时我们吃的各种各样的豆,如刀豆、豇豆,还有荷兰豆等,都是连着豆荚吃的,这些豆荚肉质肥厚、味道鲜美。而有些食用豆类,如黄豆、赤豆、绿豆、蚕豆、豌豆等,我们去掉了外面薄而硬的豆荚,只吃里面的豆。

图 5-2　若干香豌豆品种的花冠

　　豆科植物全世界约有 18 000 种，是被子植物第三大科，除了上述可以吃的豆以外，还有很多药用、材用、观赏，或没什么用的别样的豆。无论长在树上的、结在草上的、还是挂在藤上的，甚至伸到地下的（落花生），它们都有相似的豆荚，这样的果实称作荚果。荚果是豆科植物特有的性状，虽然豆科植物众多，长相各异，广泛分布于全球，但它们的果实通常都是荚果；反过来，如果我们看到一种植物上挂着荚果时，就可以判断该植物属于豆科。

　　除了荚果，豆科植物的花还有哪些特点呢？

　　我们先以香豌豆（*Lathyrus odoratus*）为例，来看看豆科植物在性器官——花方面的奥秘。

　　香豌豆原产意大利，西西里岛是它的故乡，因其花香浓郁，是庆典上的重要装饰花材，也是香水的主要配料。它的茎叶有点像我们熟悉的豌豆，所以中文称之为香豌豆。又因上海花卉市场上的香豌豆品种很多来自日本，故又称日本香豌豆。《中国植物志》上，其中文正名为香豌豆。

　　香豌豆的花冠色彩艳丽，形如一只只振翅欲飞的彩蝶（图5-2、图5-3），这就是豆科植物中的一类典型花冠——蝶形花冠。

图 5-3　香豌豆的蝶形花冠特写

图 5-4 是香豌豆花的分解图。蝶形花冠由 5 片花瓣组成，它们有一组特别的名称，图中上方最大的一片叫作旗瓣，两侧各一片叫作翼瓣，下方较小的 2 片叫作龙骨瓣。豆科的蝶形花冠与蔷薇科的蔷薇花冠都由 5 片花瓣组成，但蔷薇花冠的 5 片花瓣大小和形状相近，顶面看它的上下、左右、斜向等都是对称的，这样的性状在植物学上叫作辐射对称。而豆科的蝶形花冠则只有沿着旗瓣中央向下一个对称轴，植物学上叫作左右对称或两侧对称。这是常见于植物花冠中的两种对称现象。

图 5-4 中央是香豌豆花的雄蕊和雌蕊。豆类的雄蕊和雌蕊比较特别，图 5-5 是它们的解剖图。雄蕊共有 10 个，其中 9 个雄蕊的花丝下部合成雄蕊管，另外一个单独分离，这样的雄蕊称为二体雄蕊。雄蕊管包围着中间的雌蕊，把雌蕊单独取出，剖开子房，可以见到子房 1 室，有若干胚珠着生在子房一侧，这就是边缘胎座。

图 5-4　香豌豆花各部的分解
a. 旗瓣；b. 翼瓣；c. 雌雄蕊；d. 龙骨瓣

图 5-5　香豌豆花的雄蕊和雌蕊
a. 二体雄蕊与雌蕊，右面 9 个结合成管，左面 1 个分离；b. 分开雌蕊雄蕊，中间折弯的为雌蕊；c. (9) +1 式二体雄蕊；d. 子房、花柱和柱头；e. 子房纵切，可见胚珠

拓展 5-1　　豌豆与遗传规律

说到香豌豆，很容易联想到豌豆。豌豆很普通，大家都很熟悉，学过高中生物学的人也一定知道豌豆与孟德尔及遗传学的关系。

孟德尔（Gregor Johann Mendel）是奥地利的一位神父（图5-6），生于1822年，卒于1884年。在1856年孟德尔34岁的时候，他醉心于植物的杂交研究，连续对很多种植物进行了长达8年的杂交实验，最后在豌豆的杂交实验中发现了遗传学的分离规律和自由组合规律。孟德尔也因此被誉为遗传学之父，现代遗传学的奠基人。

遗憾的是，孟德尔的伟大发现在当时并未引起多少重视，直到他过世后16年（也就是1900年），他的论文发表35年之后才引起学术圈的注意和肯定，这标志着生命科学，尤其是遗传学进入了一个崭新的发展时期。

对于学习生物学的人来说，现在回过头去看孟德尔的杂交实验，可以有两点启示：

1）孟德尔用豌豆实验取得了成功，说明生物学实验研究的材料的选择很关键。豌豆是严格的自花传粉、闭花授粉的植物，因此在自然状态下产生的后代均为纯种。豌豆的相对性状能够稳定地遗传给后代，用这些易于区分的稳定的性状进行豌豆品种间的杂交，实验结果也就很容易观察和分析。能够在豌豆实验中发现遗传规律，需要扎实的科学功底和坚持不懈的专注精神。

2）孟德尔发现的3:1或9:3:3:1是统计学的结果，统计学在生物学研究中很重要。田间试验的数据通常不会这样整齐，它们只是在统计学允许的误差范围内，经过统计分析后表现出来的规律。

因此，生命现象很有趣，关于生命现象的观察、实验也是一件很有意思的事情。在第四章我们曾提到过，例外是生命现象的一个基本

图5-6　遗传学之父孟德尔

特征，在观察中发现例外，在研究中遭遇例外都是很有可能的。孟德尔的伟大就在于在面对各种材料的各种表现时，保持足够的兴趣和耐心，才终于在豌豆的实验中发现了生命遗传的规律。

感兴趣的读者不妨尝试一下有趣的遗传学杂交实验，比如选取我们这里介绍的香豌豆作为实验材料，在花盆里种植一些香豌豆，除了可以欣赏花的美丽外，还可以观察植物的生长过程，在花开的时候，还可以学习孟德尔的遗传学方法，对不同颜色的香豌豆做一些杂交实验。

香豌豆的品种很多，花色各异（图5-7），在进行杂交实验的时候也需要讲究一下花冠的颜色，看看它们的后代的花冠会是什么颜色。也许还要做好碰到例外的心理准备。

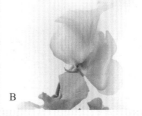

图5-7　香豌豆
A.深紫色的香豌豆；B.浅紫色的香豌豆

在豆科这个大家族中，香豌豆所在的山黧豆属（*Lathyrus*）有两个"近亲"，一个是豌豆属（*Pisum*），还有一个是野豌豆属（*Vicia*），这三个属都属于野豌豆族。这里我们再来看看野豌豆属的特点。

野豌豆属包括好几种田间、路边常见的具卷须的匍匐性小草本，其中一个种则是大家非常熟悉的、南北各地广为栽植的蚕豆（*Vicia faba*），图 5-8、图 5-9 是蚕豆的花与种子。蚕豆的花也是典型的蝶形花冠，外观上，上方最大的包在外面的那片花瓣就是它的旗瓣。蚕豆的豆荚剥开来，里面就是我们吃的蚕豆，那是它的种子。掰开种子，左右各一绿色的蚕豆豆瓣，这在植物学上叫作子叶，是蚕豆种子萌发时的营养来源。蚕豆有 2 片子叶，因此它属于双子叶植物（种子只有 1 片子叶的是单子叶植物，后文另做详细介绍）。蚕豆很容易萌发，只要用适当的水分浸泡，蚕豆就会萌发，萌发的蚕豆俗称发芽豆。实际上，蚕豆萌发时先突破种皮伸出来的是它的胚根，可以长到几厘米长，稍后伸出来的是胚芽。胚根是向下生长的，以后发育为根；胚芽是向上生长的，以后发育为茎和叶。所以，大家熟悉的发芽豆，至少在最初萌发的时间里，我们看到的先发出来的是它的"根"（胚根）而不是"芽"（胚芽），准确点应该叫发根豆才是。

豆科通常还分为 3 个亚科：含羞草亚科、云实亚科和蝶形花亚科，也有不少学者主张豆科升级为豆目，3 个亚科升为独立的科。《中国植物志》仍采用豆科、

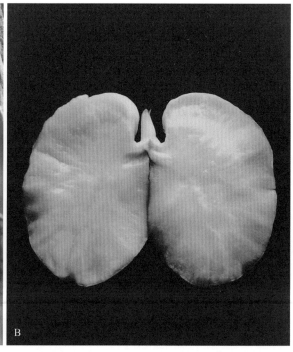

图 5-8　蚕豆的花和种子

A. 蚕豆的蝶形花冠；B. 蚕豆的 2 片子叶（豆瓣）及中间尚未分化的胚芽、胚轴、胚根

分 3 个亚科的体系。不过不管是 3 个亚科还是 3 个科，它们所包括的植物都具有一个明显有别于其他家族的共性——荚果。因此，单独作为一个科是合理的，本书遵从《中国植物志》的观点，采用豆科、下分 3 个亚科的体系。

那么，豆科植物都是荚果，它的果实如此相似，其下 3 个亚科又是怎么划分的呢？

与蔷薇科主要根据雌蕊及果实的差别划分为 4 个亚科不同，豆科的 3 个亚科在雌蕊和果实上相似性较大，主要是根据花冠和雄蕊的性状来划分的（表 5-1）。

前面介绍的香豌豆和蚕豆都是典型的蝶形花冠，雄蕊为（9）+1 的型式，都属于蝶形花亚科。由此，可以归纳蝶形花亚科的特征：花瓣分离呈蝶形，雄蕊十枚九加一，子房一室为荚果。

表 5-1　豆科 3 个亚科的特征及代表

比较项目 亚科	花　冠	雄　蕊	代表植物
含羞草亚科	辐射对称，非蝶形	雄蕊花丝长，伸出花冠外	合欢、含羞草
云实亚科	两侧对称，蝶形或非蝶形	雄蕊花丝分离，短于花瓣	紫荆、洋紫荆
蝶形花亚科	两侧对称，蝶形	雄蕊花丝 9 结合 1 分离	香豌豆、蚕豆、槐

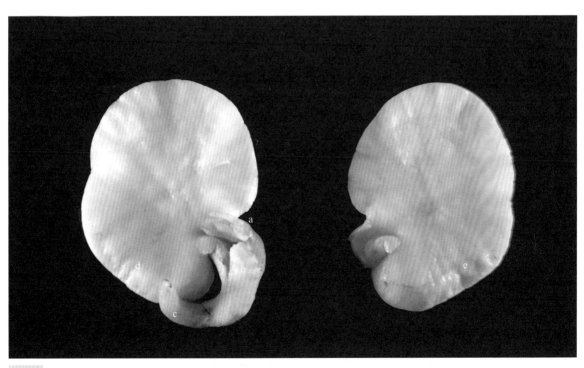

图 5-9　刚开始萌发的蚕豆种子
a. 胚芽；b. 胚轴；c. 胚根；d、e. 子叶

3. 草之豆

豆科种类很多，按照茎的生长习性可以分为草本和木本两类。草本类型大多属于蝶形花亚科，主要分布于温带地区。我们熟悉的豆类蔬菜大多属于草本植物，豆类草本植物还有不少是野生的，如路边、草地常见的野豌豆、白花三叶草等。

图 5-10、图 5-11 是上海市郊田野、荒地常见的救荒野豌豆（*Vicia sativa*），常称作大巢菜。它与蚕豆同属，羽状复叶顶端为卷须，花 1~2 朵腋生，近无梗，花冠蝶形，荚果腋生。剖开荚果，可见种子生于一侧，是为边缘胎座。

图 5-10　野豌豆
A. 野豌豆生境；B. 局部形态近观

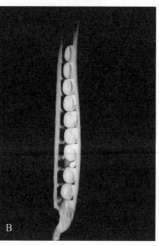

图 5-11　野豌豆
A. 野豌豆植株，荚果腋生；B. 荚果剖开，种子生于一侧，边缘胎座

图 5-12　白花三叶草

A. 白花三叶草植株；B. 顶生球形花序近观

图 5-12 是上海绿地里常见的另一种草本豆类，白花三叶草（*Trifolium repens*），它是一种优良牧草，在城市草地里成群生长，蔓延很快。顾名思义，白花三叶草具三片小叶（三小叶复叶），花序球形，顶生。其中每一朵小花亦为蝶形花冠，直立并包在外面的是它的旗瓣。

图 5-13　南苜蓿（草头）

A. 花外观及解剖；B. 植株近观

图 5-13 是南苜蓿（*Medicago polymorpha*），也就是上海人比较爱吃的草头。因它也有三片小叶，以至于有不少人将它与白花三叶草混淆，或者把后者叫作"野草头"。作为菜蔬，草头在上海栽培广泛，同时，草头又逃逸野外，上海城乡田野也时常能见其踪影。它的花冠黄色，亦为蝶形。它的荚果很特别（图 5-14），数枚盘旋在一起，边缘有刺状突起，十分别致有趣，大自然的神奇与精致一次次让人叹为观止。

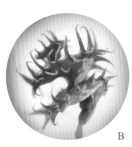

图 5-14　南苜蓿的果实
A. 5 个聚生；B. 分离出的一个

图 5-15　毛豆（植株具毛，三小叶）

　　最熟悉的草之豆当属我们吃的豆，如前文讲过的蚕豆，这里我们再来看看另外两种名气很大的豆蔬——毛豆和扁豆。

　　图 5-15 是毛豆（*Glycine max*），它也是三小叶的草本。因其豆荚外面具毛，人们习惯称其毛豆，北方通常唤作大豆，以东北产的最为出名，《松花江上》歌曲里唱的"大豆、高粱"的大豆就是此种。它原产我国，是重要粮食作物之一，五谷之末的"菽"主要指大豆，有 5 000 年的栽培历史，现广泛栽培于世界各地。毛豆营养丰富，可以豆荚未熟时剥开豆荚取豆鲜食，也可以等豆荚成熟后晒干食用，即为黄豆。

图 5-16　扁豆
A. 花及初果；B. 叶、果；C. 荚果剖开

图 5-17　扁豆蝶形花冠的外观及分解

图 5-16 是扁豆 (*Lablab purpureus*)，扁豆有紫红色的蝶形花冠，作为一种习见的豆蔬类作物，它的美丽常被人忽略，其实扁豆也有漂亮的花。扁豆果实是典型的荚果及边缘胎座。进一步解剖它的花（图 5-17），我们可以看到，它的蝶形花的组成——旗瓣、翼瓣、龙骨瓣、合生的花丝管、折弯的雌蕊。

草之豆除了野生的外,还有不少栽培观赏的,如多叶羽扇豆(*Lupinus polyphyllus*)。

上海外滩和南京路的主干道上,我们看到有很多颜色不一的、花序高高矗立在花坛上的植物,它们就是多叶羽扇豆(图5-18)。

图 5-18　多叶羽扇豆

4. 木之豆

豆类植物还有很多是木本的，有的是灌木，有的乔木，还有不少是木质藤本。尽管它们的大小、高低、形态差别很大，但都有一个共同的特征——结出一个个荚果，我们在野外看到这些熟悉的荚果时，会很容易地判断它们都是属于豆科。

含羞草亚科和云实亚科中，植物多数是木本的，蝶形花亚科中也有部分木本的。木本的豆科植物大多分布在热带、亚热带，往往花大而美丽，是很好的园林观赏植物，还有一些种类是著名的木材树种，如红豆属植物。

上海最常见的木本豆科植物有：紫荆、紫藤、刺槐、槐树、合欢等。

每年 3~4 月，紫荆 (*Cercis chinensis*) 盛开在花园、街头绿地和居住小区里。阳光灿烂的下午，走进这些紫色的美丽花朵（图 5-19A），我们看到有的花瓣已经凋谢了，里面的子房已慢慢发育（图 5-19B），有的还留着去年的果实（图 5-19C）。我们能在一个地方同时看到今年和去年的果实，好比看到生命的轮回和时光的印记。拉近距离，放大倍数，让我们再仔细看看花谢、受孕后刚开始长大的子房，欣赏一下刚从子房发育成的幼嫩的果实（图 5-20）。再剖开果实看看，紫荆的果实是荚果，所以紫荆的归属毫无疑问是豆科。

图 5-19 紫荆
A. 紫荆花盛开；B. 紫荆花谢，子房发育；C. 紫荆当年的花与去年的荚果

图 5-20　紫荆
a. 紫荆花谢初果；b. 荚果解剖

图 5-21　加拿大紫荆
A. 全株；B. 老枝结新果

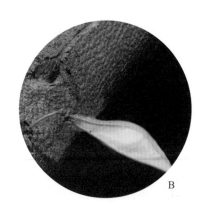

　　紫荆在豆科中有点与众不同的是，其叶片是单叶，豆科植物大多数是复叶。除了紫荆是单叶外，名声在外的洋紫荆也是单叶。当年香港回归时，一些报纸上报导香港区徽时曾经把两种紫荆混淆了，至今可能还有不少人没有搞清楚紫荆与洋紫荆的区别。上海紫荆很多，而洋紫荆只能在温室中一睹芳容。这两类同属豆科另一亚科——云实亚科。

　　近年来，上海引进了加拿大紫荆（*Cercis canadensis*），绿化及观赏效果不错，叶、花及花期均似紫荆，不同的是加拿大紫荆为乔木，荚果较短。

紫藤（*Wisteria sinensis*）是上海另一种很常见的木本豆科植物，花期4~5月，稍晚于紫荆。上海嘉定的紫藤公园是上海栽植紫藤最多的地方，每年4月紫藤公园的紫藤吸引了众多花卉爱好者和游客。图5-22是一组摄于紫藤公园的紫藤。紫藤花很漂亮，很吸引眼球。一旦花期过后，紫藤就变得不为人关注了，所以紫藤的果实可能很多人没有注意过。紫藤是豆科的，紫藤的果实同样也是荚果，长长的、毛茸茸的，挂在紫藤树上很有趣（图5-23）。未熟的果实闭合紧密，剖开它十分艰难，成熟后果实依然悬垂，但会自然开裂，散出褐色、扁平的种子。

紫藤是我国著名的棚架装饰植物，也可庭园孤植，或于假山、池边点缀，还可以制成盆景，用于厅堂、小院的美化，自古以来是中国古典园林造景不可或缺的植物材料，历代文人也留下很多关于紫藤的书画作品。紫藤花民间也有用作食材的，不过它的荚果及种子略有毒性，可以入药，剂量大会对人体造成伤害，食用还须谨慎。

图 5-22　上海嘉定紫藤公园的一组紫藤花

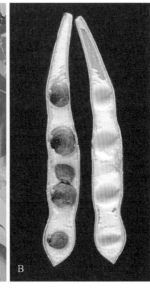

图 5-23　紫藤的荚果
A. 外观；B. 果实剖开

紫荆是灌木，紫藤是藤本，上海常见的木之豆还有不少是乔木，有的观赏性很好，有的经济价值很高。我们先来看看这两种大家很熟悉，但有可能会混淆的槐树——国槐和洋槐。

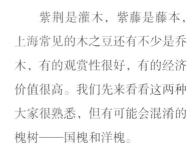

国槐，也称作槐或槐树（*Sophora japonica*），原产我国，北方多见，上海也有较多栽培，图 5-24 是同济大学校园里的槐树。立秋过后，石榴红了，槐花也开放，漫步在校园的草坪上，看到有一地的黄白色的小花。未开花的花蕾称为"槐米"，"槐米"和槐花都有广泛的药用价值。槐花也是蝶形花冠，嫩黄色的旗瓣娇艳迷人，造型凹凸别致，翼瓣好像羽毛非常漂亮，龙骨瓣把花蕊紧紧包裹着。

图 5-24　槐全株（左）及花近观（右）

与蝶形花亚科其他种类稍有不同的是，槐花雄蕊花丝分离，不是（9）+1 的模式（图 5-25）。

子房受孕后伸长，渐渐发育为果，在这长长的果实中，可以隐约看到里面有种子，成熟时荚果中间有若干缢缩，形成别致的串珠状（图 5-26、图 5-27）。

图 5-25　槐
A. 花序；B. 蝶形花冠；C. 花各部分解，花丝分离

图 5-26　槐的花、伸长的子房及幼果

图 5-27　槐的串珠状荚果

国槐虽然多见于北方，但国槐的一个变型——盘槐（*Sophora japonica* f. *pendula*）因其弯曲盘悬、古朴典雅的树形而为江南造园人士所喜爱，上海的古典园林、现代公园绿地和校园都可见到，图5-28是桂林公园四教厅前的盘槐。

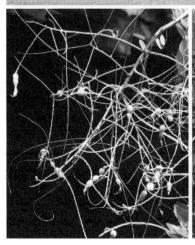 

图5-28　盘槐

洋槐（*Robinia pseudoacacia*），顾名思义是相对国槐而言，由外国引进的。洋槐原产美国东部，被引入上海已有 100 多年的历史，城区绿地、乡间村边广为栽种。洋槐与国槐都为羽状复叶，不在花果期时，两者有点相似。不同的是，洋槐的羽状复叶基部具一对托叶刺，所以我们又习惯称其为刺槐。洋槐、国槐同为蝶形花亚科，但不同属，因此两者的花和果实差别明显。刺槐花期为 4~5 月，蝶形花冠洁白，花序大而显著（图 5-29、图 5-30）；果期 8 月，荚果褐色，不为串珠状。

图 5-29　高大的刺槐（摄于共青森林公园）

图 5-30　刺槐花近观，花序白色（摄于共青森林公园）

我们再来看看上海很常见的另一种豆科乔木——合欢（*Albizia julibrissin*）。合欢的名字听起来就很讨喜，每当夜幕降临，它羽状复叶上的小叶就会成对合起来，即所谓"合则欢"，又名夜合树。古人有云："萱草忘忧，合欢蠲怒"，这不仅是"合欢"字面上的意义，合欢花在中医上确有解郁安神之效。图5-31A是合欢的树冠及其开放在树冠上部的花，一簇簇丝绒质感，上红下白的球形花序，所以合欢又名绒花。1979年电影《小花》中一曲"绒花"唱响了大江南北，近年的《芳华》又再一次让绒花重回人们的视线。《小花》的故事发生地桐柏山区，确有野生合欢分布。图5-31B、C是合欢的荚果以及花、果的解剖。远观树冠上一簇簇开放的是花序，取下其中的一朵花细看，可以发现合欢的花与我们习惯认知中的花不一样，漂亮的红色部分并不是它的花冠，而是它的雄蕊，它的花冠、花萼均小而呈绿色，很不起眼。合欢的花冠不呈蝶形，花丝分离，是豆科含羞草亚科的代表。

尽管合欢的花与蝶形花亚科的花差异较大，子房形态也有不同，但子房受孕后长成的果实仍然是荚果，所以合欢也是豆科的。这也可以说明，豆科的祖先是一类具有荚果的类群，以后分化出3个类群（亚科），性器官（花）的性状虽各有其特征，但万变不离其宗，它们在果实的性状上还保留着早先古老的荚果特征。

图5-31 合欢

A.合欢的树冠及其花；B.荚果；C.花、果解剖及种子

图 5-32 是含羞草（*Mimosa pudica*）。含羞草与合欢系同一个亚科的不同属，两者的叶片相似，初次见识合欢的人常将其误作含羞草。含羞草是小灌木或草本，两者体型大相径庭。含羞草最出名的是它的叶片被手一碰即会合上，而合欢的叶片则是入夜自行合上。这是两种不同的植物感应，含羞草是感触性，合欢则是感光性。

在介绍紫荆的时候我们提到了洋紫荆，紫荆与洋紫荆同属于豆科云实亚科，这两种植物被混淆，并不是因为它们很像，仅仅是因为名字中拥有同样的"紫荆"。洋紫荆是香港的市花，并用作了香港区徽的标志，不少媒体在介绍这种植物时也称其为"紫荆花"。洋紫荆又名红花羊蹄甲（*Bauhinia blakeana*），花大、非常美观，花期长达半年，是香港、深圳、广州、海南等南方地区很常见的行道树和园景树。

图 5-33 是辰山植物园温室里的洋紫荆，花冠不为蝶形，雄蕊 5 个，子房细长。

洋紫荆是羊蹄甲属的，它的叶很奇特——大多数植物的叶是叶基部心形，而羊蹄甲属的叶为倒心形，先端内凹，有的内凹甚至可达叶柄处（图 5-34）。

图 5-32　含羞草

图 5-34　洋紫荆的叶

图 5-33　洋紫荆的花近观（左）及解剖（右）

拓展 5-2	果实的构造与类型

果实是被子植物特有的器官，果实包裹着种子，不仅起保护作用，还有助于种子的传播。不同植物果实的差异还可作为植物分类的依据。

子房受精后，子房内胚珠发育成种子，整个子房发育成为果实。单纯由子房发育成的果实，称为真果，如油菜的长角果、紫藤的荚果、桃、杏等。真果结构包括果皮和种子两部分，果皮由子房壁发育形成，包被在种子的外面。由子房和花的其他部分如花托、花被筒甚至整个花序共同参与形成的果实称为假果，如苹果、梨、草莓、桑葚、无花果等，因此假果的结构比较复杂。

图 5-35 是苹果（*Malus pumila*）的纵剖和横切。横切面上褐色的、呈五角星形排列的是它的种子，这是 5 心皮结合成 5 室的中轴胎座。种子所在的"五角星"（5 个结合心皮）区域主要来自子房，是它的真正的果实

部分；种子所在区域以外部分主要来自它的花托。这样合起来构成的就是所谓的假果。我们熟知的苹果的主要食用部位恰恰是它的花托部分，而最后吃剩下来扔掉的"芯子"反倒是它真正来自子房的果实部分。

还可以根据花中雌蕊的数目、着生方式及参与果实形成的结构，将果实分为单果、聚合果、聚花果（表 5-2）。

图 5-35　苹果的纵剖和横切图

表 5-2　果实的形成及类型

单果 （花仅有一个雌蕊，单心皮或多心皮合生）				聚合果 （多个离生雌蕊聚生在花托上形成的果实）	聚花果 （由整个花序一同发育形成的果实）
肉质果 （果皮肉质化，肥厚多汁）	干果 （果实成熟后果皮干燥）				
	裂果 （成熟时果皮开裂）	闭果 （成熟时果皮不开裂）			
浆果：葡萄、番茄	蓇葖果：梧桐、八角	颖果：禾本科果实	蜡梅、莲子、八角	无花果、桑葚、菠萝
核果：桃、杏、核桃	荚果：豆科果实	瘦果：向日葵、蒲公英		
瓠果：葫芦科瓜类	角果：十字花科果实	翅果：槭、臭椿、枫杨		
梨果：苹果、梨、枇杷	蒴果：很多科的果实	坚果：板栗、栎、榛		

5. 三叶草与幸运草

　　三叶草经常被当作幸运草，顾名思义它有三片叶，主要是指三小叶的复叶。但植物因为环境或遗传的关系时常会出现变异，三叶草也由此而出现四叶，甚至五叶的情况。这样的变异是一个小概率事件，有人认为遇到这样的四叶或五叶时会有好运，因此三叶草又被称为幸运草。

　　但是具有三叶的植物其实有好多，而豆科又是三小叶复叶集中的家族。前文提及的白花三叶草是"三叶草"的一个比较常见的代表，也是经常被当作幸运草的一种"三叶草"。

　　此外，上海绿地里还有一种不属于豆科的植物也被很多人当作幸运草，它就是红花酢浆草（图5-36）。

图 5-36　红花酢浆草

红花酢浆草（*Oxalis corymbosa*）是酢浆草科的，花瓣 5 片，与豆科的花冠明显不一样；果也不为荚果，而是蒴果。将花纵剖，剖面上可见雌蕊、雄蕊也不同于豆科：红花酢浆草有 10 个雄蕊，长、短各 5 个，黄色的花药很醒目；雌蕊有 5 个结合的心皮，子房绿色；花柱分离，被白色的毛，从花丝间伸出绿色的柱头（图 5-37）。

红花酢浆草的花期很长，美丽动人的粉色小花在阳光下很美，是上海校园和公共绿地中一种优良的地被草本植物。

白花三叶草和红花酢浆草在上海公园绿地或校园草坪上很常见，都是典型的三叶草，加上变异偶然出现四叶、五叶的现象，二者容易被人混淆，媒体介绍也时常有误。其实究竟哪一种是幸运草的"正宗"恐怕并不重要，实际上也不易查证，幸运草的名称吉祥喜庆，不论"白花"还是"红花"，不妨都可以作为幸运草。愿我们长见它们在草丛中绽放，幸运常伴。

图 5-37　**红花酢浆草近观及花解剖**

第六章

——

林中贵族之家

木兰科

春夏之间，百花争奇斗艳，木兰科植物也不甘落后。木兰科，顾名思义，木本之兰花。它们大多树姿优美，花大而挺立枝头，花色素雅而芳香，犹如林中的贵族，在众多植物中别具一格。

1. 上海市"市花"白玉兰

木兰科植物中，最为上海人所熟知的就是上海市的"市花"白玉兰（*Magnolia denudata*）。

20 世纪 80 年代初，上海就开始酝酿评选上海市的"市花"，当时有关部门提出将月季、桃花、海棠、石榴、杜鹃、白玉兰等作为候选"市花"，于 1983 年 4 月在人民公园、中山公园、复兴公园、杨浦公园等 11 个公园请市民投票。最后收到 10 万多张票，其中以白玉兰票数最多，桃花居次。再经专家评议，初定白玉兰为"市花"，最后于 1986 年经上海市人大常委会审议通过，确定白玉兰为上海市"市花"。

之前上海也曾经有过"市花"。1929 年 4 月成立不到 2 年的上海特别市在报刊上公开征选市花。经过广大市民的票选，最后当选的并不是那些观赏性好，象征意义重大的植物，而是其貌不扬，但经济价值高，又在上海地区普遍种植的老百姓最为熟悉的棉花。

白玉兰花期为 3 月，是上海开花比较早的树木。清明节前，乍暖还寒，它就繁花盛开。花时无叶，花大而洁白、芳香，极为醒目。白玉兰花开时朵朵挺立枝头，向上绽放，象征着一种积极向上的精神（图 6-1）。

图 6-1　上海市"市花"白玉兰
A. 开花枝条；B. 花近观

2. 白玉兰的"近亲"

　　白玉兰属于木兰科、木兰属，上海常见的与白玉兰同属的"近亲"并不多，最为常见的是广玉兰和二乔玉兰。

　　图6-2是广玉兰（*Magnolia grandiflora*）。广玉兰原产美国东部，清末引入我国，故又名洋玉兰。因其花大似莲，也常称作荷花玉兰。不过上海市民还是习惯称之为广玉兰，其花像白玉兰，又比白玉兰大，而且它的学名 *grandiflora* 的意思就是大花的、繁花的。

　　广玉兰的花与白玉兰相似，但花期晚于白玉兰，每年5月开花。而且它是常绿植物，开花时有叶，与白玉兰很容易区别。

图6-2　广玉兰

图 6-3 是上海地区另一种常见的白玉兰近亲——二乔玉兰（*Magnolia × soulangeana*）。二乔玉兰是白玉兰与木兰属的另一种植物辛夷（*Magnolia liliflora*）的杂交种，花期亦为 3 月，先花后叶，花被外紫内白，甚为美观。二乔玉兰也是乔木，与白玉兰栽植在一起，交互映衬，相得益彰（图 6-4）。

图 6-3 二乔玉兰
A. 二乔玉兰花满枝头；B. 含苞欲放的二乔玉兰

图 6-4 二乔玉兰与白玉兰交相辉映

二乔玉兰的另一个杂交亲本——辛夷在上海栽植相对较少，因其花被紫色，又名紫玉兰，易与二乔玉兰相混。

辛夷系灌木，花期3~4月，稍晚于二乔玉兰，花叶同放，外轮花被花萼状、披针形，据此可以与二乔玉兰相区别。二乔玉兰的花被外面亦紫色，如称其为紫玉兰似无不可，但就更容易混淆两者，所以，一般紫玉兰是指辛夷。

🌱 星花玉兰（*Magnolia stellata*）是白玉兰的另一个"近亲"，原产日本，上海引种很少。它的花也是先叶开放，花期与白玉兰、二乔玉兰相近，芳香，花被外面也是紫色。但它的花被较狭长，花被数明显多于白玉兰和二乔玉兰，盛开时妖娆多姿。星花玉兰虽然不多见，可它的花异常漂亮，美誉度很高，但养在深闺人未知，很有必要一说，也很值得推广，让它走出植物园，到更为广阔的天地中去（图6-5）。

图6-5 星花玉兰
A. 辰山植物园"皇家之星"星花玉兰；
B. "皇家之星"星花玉兰近观

3. 为什么属于木兰科

木兰科的种类不多，全球有 18 个属、300 多个种，多数分布在亚洲东南部，尤以我国居多，有 14 个属，种类数占了全球一半以上，大多分布在南方气候湿热地区。上海地区常见的除了木兰属外，大家比较熟悉的还有含笑属的含笑、白兰花等。

图 6-6 是白玉兰花的解剖及其果实，图 6-7 是广玉兰的花和果。可以看到它们的花十分相似：花被多轮，各轮基本近似，雌蕊和雄蕊都很多，并彼此分离，螺旋状着生在凸起的花托上，雄蕊在下（外），雌蕊在上（内）。果实外观上稍有不同，白玉兰的果实瘦长而弯曲，长相比较奇特，很多人都会惊讶于白玉兰果实的这副怪模样；广玉兰的果实则比较正常，较短粗，不弯曲。但两者的子房均螺旋状排列（广玉兰的果尤其清楚），成熟时开裂，露出红色的种子，是为聚合蓇葖果。

图 6-8 是含笑（*Michelia figo*）的花。含笑原产华南，为著名的常绿花灌木，上海引栽历史很久，并且已完全本地化，很适合上海的绿化、造景之用。

图 6-6　白玉兰的花和果

A，B. 白玉兰花解剖；C. 发育不久的聚合果；D. 部分子房开始膨大成熟，但尚未开裂

图6-7　广玉兰的花和果

A. 广玉兰花近观；B. 广玉兰聚合果8~10月间的变化（果下方红色处为原先雄蕊着生的部位，雌蕊、雄蕊螺旋状着生，成熟时果皮开裂种子露出）

图6-8　含笑的花

A. 含笑花（花被2轮6片；雄蕊多数，黄色；雌蕊多数，绿色）；B. 去掉花被的雄蕊（下黄者）和雌蕊（上绿者）；C. 雌蕊纵切，从上到下为a 雌蕊群、b 雌蕊群柄、c 雄蕊着生的部位

含笑初夏开花，花色嫩黄，染有紫晕，芳香宜人。因其芳香恰在花将开未开之时最为浓郁，似有含而不放，笑而不语之意，故取名含笑。历代文人吟诵含笑的诗文很多，其中较为有名，把含笑和萱草2种植物巧妙嵌入诗句，又对仗极为工整的是北宋丁谓的《山居》中的一联："草解忘忧忧底事，花能含笑笑何人。"

含笑又因其香味像香蕉味，也被称作香蕉花，它的英文名就是 Banana Shrub。

含笑有2轮6片花被，彼此相仿，雄蕊和雌蕊均多数而分离，螺旋状着生在中央凸起的花托上，雄蕊在下，雌蕊在上。顶面观之，黄色的雄蕊在外，绿色的雌蕊在内（图6-8A、B）。这些特征与木兰属很像，所不同的是，含笑的雌蕊与雄蕊之间有一段空白，这叫作雌蕊群柄（图6-8C），这是木兰属与含笑属的主要区别。

含笑属有50多种，大多分布在亚洲热带及南亚热带，含笑是其中较为耐寒的类型，能够在上海露地越冬。

近年上海室外（特别是上海植物园、辰山植物园和共青森林公园）成功引种了不少含笑属的一些别的新种，其中比较多见，观赏性又好的当属新含笑（图6-9）。《中国植物志》尚未收入，一些园林刊物上有一个

图6-9　**新含笑（摄于共青森林公园）**

比较普遍的说法是："常绿小乔木或大灌木，系在南方边境发现的一个天然杂交种，经四川省林科院定名为'新含笑'。上海植物园 1997 年便从四川引入新含笑，经过连续 8 年寒、暑的考验，它在上海地区不但'站住了脚跟'，还显示了花大、花香、花期长、抗逆性强等优良特性，受到业界的关注。"马金双主编并于 2013 年出版的《上海维管植物名录》记录了新含笑，它的学名是：

Michelia 'Xinhanxiao'，采用的是栽培植物品种的命名方法来命名的。

图 6-9 是新含笑的枝条及花的近观，叶常绿，花大而白色，叶和花均显著大于含笑，是绿化及观赏的优良之选。图 6-10 是新含笑花的特写及其解剖，花被 3 轮、9 片，雄蕊和雌蕊多数，螺旋状排列在突起的花托上，雄蕊在下雌蕊在上，雌蕊群同样具柄。

从木兰属和含笑属的生殖器官——花和果的观察和描述可以归纳木兰科的特征：花被数轮不分化，花托凸起居中央，雄下雌上螺旋排，心皮分离聚合果。

木兰科有十几个属，它们为什么都属于木兰科呢？奥秘就在于它们的生殖器官大多具有这些特征，特别是都同被花、聚合蓇葖果等共性特征。

图 6-10　**新含笑花特写及解剖**

A. 花特写；B. 花分解图；C. 新含笑花的解剖（左为新含笑的雄蕊、雌蕊，螺旋状排列，中为其纵切，右为雌蕊放大图）

另外有一种含笑——深山含笑（*Michelia maudiae*），主要分布于我国南亚热带的深山密林中，故名深山含笑，又因为它的种加词 *maudiae* 是一个欧洲女子的名字，所以又称它为莫氏含笑。园艺师将它从"深山"引到上海后，当人们在欣赏它的风采的同时，也会疑惑，深山含笑怎么与新含笑这么像？

的确，新含笑外观与深山含笑很像。深山含笑在很多植物志、植物图谱中都有记录，而关于新含笑的形态特征的描述却非常少。经过我们仔细比对、辨别，可以从叶形、芽有没有毛、果实等几个方面来区分这两种含笑。

图 6-11 是两者的叶，均为革质、常绿、全缘、长椭圆状，差别在新含笑叶先端有一短尖，而深山含笑叶先端钝。

图 6-12 是两者的叶柄，新含笑具毛，而深山含笑无毛。

图 6-11　新含笑（左）与深山含笑（右）叶形对比

图 6-12　新含笑与深山含笑的叶柄放大比较

a. 新含笑叶柄 40 倍放大图，见深色毛；b. 新含笑叶；c. 深山含笑的叶柄；d. 深山含笑叶柄 40 倍放大图，光滑无毛

深山含笑全株无毛，又名光叶白兰。而新含笑的叶柄、花梗及芽等均有或密或稀的褐色短毛。图 6-13 是新含笑的花梗及其低倍镜下的图片，褐色短毛眼睛不易分辨，低倍镜下清晰可见。

两者的区别在芽上较为明显。新含笑的芽表面具褐色前倾的短毛，使芽外观呈褐色，手从芽先端往下撸略有毛感，高倍镜下可以清晰看到褐色短毛（图 6-14）。而深山含笑的芽外观绿色，手感无毛，高倍镜下亦未见毛（图 6-15）。

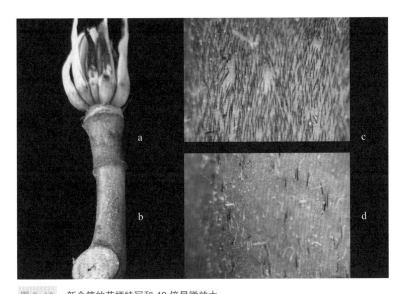

图 6-13　新含笑的花梗特写和 40 倍显微放大

a. 花梗上端；b. 花梗下端；c, a. 的放大结构，毛比较密集；d, b. 的放大结构，毛比较稀疏

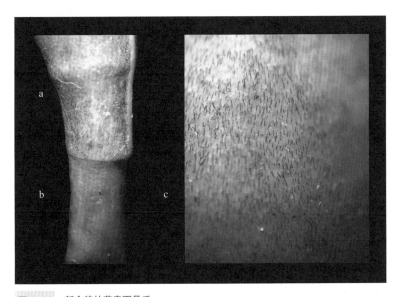

图 6-14　新含笑的芽表面具毛

a，b. 芽和芽柄低倍镜观；c. 芽的高倍放大

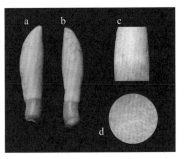

图 6-15　深山含笑的芽（无毛）

a，b，c. 芽和芽柄；d. 40 倍放大

两者的果实也有差别。图
6-16 是新含笑的果枝，它的聚合
果较短，初时颜色浅，成熟时呈
褐色。图 6-17 是深山含笑的果
枝，它的聚合果较长，果皮红色。

图 6-16　新含笑果枝
A. 新鲜果实；B. 树冠；C. 开裂的果实

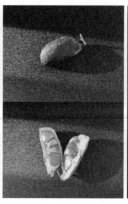

图 6-17　深山含笑的果枝（果皮红色，
红色的种子颜色艳丽）

拓展 6-1　　　　　　　　　螺旋状着生与进化

　　某种植物为什么是某科的？这个问题几乎贯穿于本书的每一章。要回答清楚这个问题，就需要我们一一揭示每个科或家族各自独有的特征，特别是生殖器官上的"独特奥秘"，而后才能根据我们所看到的各种植物生殖器官的特点再将其"分门别类"。月季因与玫瑰是"近亲"，花长得像，才会在情人节"越俎代庖"；蚕豆、紫藤、合欢等虽然看上去长得有点差距，但它们生育后代的器官却惊人的一致——荚果。

　　正因为每个科有每个科的特别性状，才有可能回答清楚"某种植物为什么是某科的"这样一个问题。从现代生物学的角度而言，每个科的植物各有其固有的 DNA，理论上说，依据植物生殖器官的经典分类学结果应该与现代生物学的结果是一致的，因为自然分类根本的依据是植物之间的亲缘关系，而它追求的目标也恰恰是能够反映植物之间的亲缘关系。

　　自然分类是一个基于亲缘关系远近的分类系统，这就涉及植物的进化。

　　关于被子植物的进化，主要有两种观点，一种观点主张杨柳科植物为代表的简约之花是被子植物的原始类型，另一种观点认为木兰科植物生殖器官的各部螺旋状排列是被子植物的原始类型。关于被子植物的分类系统，我们暂且不做讨论，这里仅"就事论事"，谈谈木兰科的螺旋状排列。

　　我们先"爬楼"回看木兰属、含笑属的花的解剖图，可以发现，它们的雄蕊、雌蕊着生在凸起的花托上，各自作螺旋状排列。松果想必大家见过，但不知大家是否注意观察过组成松果的结构单元是如何排列的。图 6-18 是广玉兰的果实与黑松（Pinus

thunbergii）球果的对比，乍看之下，它俩是不是长得有点像？形态学的相似也就容易让人们联想到它们会不会存在什么关联。

　　松果严格地说不是松的果实，植物学上称其为球果，也叫作大孢子叶球。组成球果的结构单元叫作大孢子叶，相当于被子植物的雌蕊，其上着生胚珠（种子），也作螺旋状排列（图 6-18B）。相应的，雄蕊在裸子植物中称作小孢子叶，也作螺旋状排列，构成小孢子叶球。由于裸子植物是原始的类群，其性器官的螺旋状排列方式也被认为是一种原始的性状。

　　图 6-18 是种子尚未成熟的状态。当种子成熟时，广玉兰聚合果上的小果开裂，里面的种子就会露出来。而黑松则是大孢子叶与大孢子叶彼此分开，从而露出着生其上的种子，它没有果实的结构。

　　广玉兰（图 6-18A）及其他木兰科植物的雌蕊和雄蕊呈螺旋状排列着生，与裸子植物大、小孢子叶的排列很相似，也就让人联想到两者之间的进化相关性，从而形成了关于植物进化的一个学派。这一学派认为，性器官各部螺旋状排列的木兰科是被子植物的原始类群之一。木本类的被子植物起源于木兰科，草本类的被子植物则源自毛茛科，那是一类同样是性器官各部螺旋状排列的草本类群（见第 7 章）。

　　当然，植物进化的研究仅以形态学的相似性作为证据是不够的，还需要现代生物学、化石学等方面的支持。

　　黑松属于裸子植物的松科。裸子植物是一个比被子植物原始的类群，原始性表现在它不具有心皮围合成的子房，也就是它不具有果实的结构，胚珠受精后发育成的种子裸露在空气中，也就是种子缺少必要的保护。相对的，被子植物具有心皮围合成的子房，胚珠"关"进了子房内，以后发育成为果实，种子又是包被在果实中的。这是一个进化获得的性状，"裸子植物"和"被子植物"的名称也就是这么来的。

图 6-18　广玉兰果实与黑松球果对比
A. 广玉兰果实；B. 黑松球果

4．木兰科的另类

木兰科有 10 多个属，大多数分布在南方湿热地区，在上海及周边地区室外能自然生活、正常开花结果的不多，除了木兰属、含笑属外，还有几个比较另类的属，如八角属、五味子属和马褂木属等。

（1）八角属

八角属也就是我们熟悉的八角茴香所在的属，约有 50 个种，大多数分布在东亚和南亚，为常绿乔木或灌木，枝、叶、果多有香气，经济价值较大。八角属的属拉丁名 *Illicium* 意为"诱惑、吸引"，就是指八角属植物往往具有诱人的芬芳香气。八角属植物枝叶青翠，花黄或红色，果型别致，也具有较大的观赏价值。

把八角属置于木兰科之下，关键的依据是它的果实也是聚合蓇葖果。但八角属的小蓇葖果（或者雌蕊）不像木兰属那样螺旋状排列在凸起的花托上，而是轮状排列在一个几乎平的花托上。这是八角属的一个进化性状，也基于此，有人主张八角属单独作为八角科。

代表种八角茴香，亦简称八角（*Illicium verum*），是我国南方很有价值的经济树种，叶、果可蒸芳香油，称八角茴油，为重要的香料和出口物资。八角的果晒干后可作为调味香料，在家常烹饪中广泛使用（图 6-19）。

不过八角属中除了八角茴香外，其他的野生八角类果实多少有毒，不可将野八角代替八角使用。其中的莽草，又称披针叶茴香（*Illicium lanceolatum*），果有剧毒，江浙一带时见野生，切不可误食。莽草的小蓇葖果多达 12~14 个，而食用的八角则"物"如其名，一般为 8 个小蓇葖果，区别比较明显。

图 6-19　八角茴香

（2）五味子属

五味子属归属于木兰科的主要依据是花为同被花，雌蕊螺旋状紧密排列在花托上。它的另类在于：一是诸种五味子都是木质藤本，这个在木兰科植物中比较少见；二是五味子的果实尤其另类，结果时花托伸长，离生的雌蕊变为浆果，成为长穗状疏松排列的聚合果，而不是木兰科其他属那样的聚合蓇葖果。因此，也有人主张将其单独作为五味子科。

五味子属植物约有 30 个种，它的分布区与八角属相近，大多数种类具有药用价值。其中五味子（Schisandra chinensis）是一味著名的中草药，古代医书多有记载。今人可能大多不知道五味子长什么模样，但应该听说过五味子糖浆。顾名思义，"五味子"就是指具有五种味道——酸、甜、苦、辣、咸的果实。唐代医书《新修本草》记载五味子的果实"皮肉甘酸，核中辛苦，都有咸味"；明代《本草纲目》记载五味子的药效"酸咸入肝而补肾，辛苦入心而补肺，甘入中宫益脾胃"。

五味子向来有南、北一说，作为著名药材的五味子（Schisandra chinensis）主产北方，尤以东北、内蒙古为多，习惯上称其为北五味子。长江中下游分布有另一种华中五味子，在药材上常用作五味子的代用品，所以又称其为南五味子。问题是木兰科中还有一个属就叫作南五味子属（Kadsura），它与五味子属是"近亲"，我国大约有 10 个种，主要分布在长江以南地区。如果仅仅是作为观赏，把华中五味子与南五味子混淆也没太大问题，但如果作为药材也混为一谈的话，那就不是小问题了，有时甚至人命关天。

这里就又要说到植物拉丁学名的重要性了，现代药书也都注明了药草的学名，在学名一一对应的情况下，就不会产生歧义了。

图 6-20 是上文提到的华中五味子（Schisandra sphenanthera），这是上海及周边地区分布较多的一种五味子，落叶的木质藤本，叶柄红色，叶缘锯齿明显，花梗细长而使花常下垂，花被黄色。而五味子（Schisandra chinensis）的花多为白色或粉白色，两者容易区分。

图 6-20　华中五味子
A. 枝条及花；B. 花近观

图 6-21 马褂木

A. 马褂木的叶；B. 马褂木全株；C. 马褂木的花近观

（3）马褂木属

马褂木的另类主要另类在其叶形。当我们摘下一片马褂木树叶，使叶柄向上、叶片下垂时，它看上去很像我国清朝、民国时期男子流行穿着的外套（图6-21A），所以马褂木之名实在是太"名如其树"了。这样的叶形不仅在木兰科里显得另类，在被子植物中也算奇特的。

马褂木（*Liriodendron chinense*），又名鹅掌楸，树干挺直，树冠如伞，叶形奇特，秋叶金黄，是著名的庭院树、行道树，也是优良的建筑、造船和家具材用树（图6-21B）。花单生于枝顶，花期5月；花被3轮9片，外轮花萼状，内2轮花瓣状，黄色；雄蕊、雌蕊均多数，螺旋状排列（图6-21C）；果期10月，聚合果纺锤形。

马褂木的花、果特征证明了它属于木兰科。与其他属都有好多个种不一样的是，马褂木属仅有 2 个种，而且分布也很特别：一个种在中国，另一个种在美国，隔着太平洋遥相呼应。美国的马褂木学名为 *Liriodendron tulipifera*，我们习惯称之为北美马褂木，美国人则称其为郁金香树（tuliptree），因为学名中种加词 *tulipifera* 意思为"郁金香花的"。

中国马褂木与美国马褂木长得也很像，差别在于：中国马褂木的叶近基部每边具 1 个侧裂片，就像马褂的 2 个衣袖；美国马褂木的叶除大的侧裂片外，靠近基部还各有 1 个小的裂片，好像马褂的肩部各多了一个装饰性的褶（图 6-22B）。

马褂木属仅有的 2 个种这样跨太平洋的远距离分布是一个很有意思的植物地理学现象。它们很可能来自同一个祖先，由于远隔重洋而产生生殖隔离，导致独立进化，形成了 2 个看上去很像但又有所差别的物种。不过，植物种间的生殖隔离经常又不是绝对严格的。我国在 20 世纪 30~40 年代引入北美马褂木，60 年代又杂交繁育成功，现在的杂交马褂木与它的两个亲本在南京、杭州、上海等植物园内均生长良好。图 6-22A 是杂交马褂木，在它的同一个枝条上，2 个亲本马褂木的叶片都可以被找到。

图 6-22　三种马褂木

A. 杂交马褂木；B. 马褂木叶对比（上为马褂木，下为北美马褂木）

第七章

花 王 之 家

——
毛茛科

1. 花王牡丹与"近亲"芍药

　　牡丹是我国特有的木本名贵花卉，素有"国色天香""花中之王"的美称，长期以来被人们作为富贵吉祥、繁荣兴旺的象征。牡丹以洛阳牡丹、菏泽牡丹最负盛名。

　　北宋欧阳修写有《洛阳牡丹记》，开篇第一句即为："牡丹出丹州、延州，东出青州，南亦出越州。而出洛阳者，今为天下第一。"也就是说，早在北宋时候洛阳的牡丹就已经是名扬天下了。但是，欧阳修又写道："牡丹初不载文字，唯以药载《本草》。然于花中不为高第，大抵丹、延以西及褒斜道中尤多，与荆棘无异，土人皆取以为薪。自唐则天以后，洛阳牡丹始盛，然未闻有以名著者。如沈、宋、元、白之流，皆善咏花草，计有若今之异者，彼必形于篇咏，而寂无传焉。唯刘梦得有《咏鱼朝恩宅牡丹

图7-1　牡丹（古猗园牡丹展中的若干精品牡丹）

诗》，但云'一丛千万朵'而已，亦不云其美且异也。谢灵运言永嘉竹间水际多牡丹，今越花不及洛阳甚远，是洛花自古未有若今之盛也。"也就是说，牡丹之名贵始于武则天以后，初唐善于咏花吟草的诗人也几乎没有关于牡丹佳作，仅刘禹锡（即刘梦得）有"一丛千万朵"而已。牡丹之兴当在盛唐后期的洛阳。

欧阳修所说《本草》，即《神农本草经》，据传该书源自神农氏，代代相传，最后大约成书于东汉时期，是现存最早的中药学著作。《中国植物志》也注明，牡丹之名出自此书。

但遗憾的是，欧阳修说了"牡丹"的出处，但并未说明"牡丹"之名的来历。

关于"牡丹"的来历，大多引用明代李时珍在《本草纲目》中的牡丹的记述："牡丹以色丹者为上，虽结子而根上生苗，故谓之牡丹。"不过，此话前半句关于"丹"的来历表述清楚，后半句关于"牡"的含义则不甚明了，网络上的各种解释也大多语焉不详。"牡"的本义是"雄性"，为什么"虽结子而根上生苗"就是"牡"了？是否可以这样理解，古人并不完全了解植物有性、无性繁殖的奥秘，既然"结子"是雌性的任务，那么"根上生苗"这个现象就是雄性的事情了？不知这样的揣测是否就对上了李时珍老先生的本意呢？

牡丹的学名为 *Paeonia suffruticosa*。属名 *Paeonia* 是林奈命名的，源自古希腊神话中一个医生的名字，因为芍药属植物大多具有药用价值。种加词 *suffruticosa* 意为"半灌木的"，芍药属多为草本，牡丹恰是其中少见的木本。对此李时珍亦另有描述：牡丹"唐人谓之木芍药，以其花似芍药，而宿干似木也"。

图 7-1、图 7-2 是一组观赏性很强的牡丹精品。贵为花王的牡丹，几乎都是重瓣的，如今野生的牡丹几乎无处可寻，单瓣牡丹或在草药园、牡丹花专卖店可以见到。关于牡丹的药效，李时珍又曾有云："牡丹唯取红白单瓣者入药。其千叶异品，皆人巧所致，气味不纯，不可用。"此处"叶"者，花瓣也。所以，早在李时珍所在的明代，牡丹就已经广为栽培，而且重瓣很普遍，但也同时明确，重瓣者即"千叶异品"均为人工培育而成，药效不佳。

图 7-2　难得一见的粉色花瓣中的绿

芍药属植物有几十种，所谓牡丹的近亲一般是指芍药（Paeonia lactiflora），两者均为我国著名的观赏和药用植物。芍药的栽培历史更为悠久，大约有5 000年，是中国栽培最早的一种花卉。因自古就作为爱情之花，现已被尊为七夕节的代表花卉。

图7-3是美丽的芍药。从花的大小、形状和色彩来看，芍药的观赏性丝毫不逊于牡丹，牡丹之为花王，多少有点委屈了芍药。作为同一个属的"近亲"，芍药除了花期稍晚于牡丹外，如果仅仅根据花的形态几乎很难区分两者。这点与月季和玫瑰的情况有点相似。

要区分两者，我们可以从它们的茎、叶入手。图7-4是牡丹和芍药的叶，两者的差异很明显。有一个显著的差别是，牡丹是木本而芍药是草本，是故牡丹有"木芍药"之名。每当秋冬季节，牡丹的叶片凋落，木质的茎和枝条还依旧留在地面上；而芍药地上部分的草质茎、叶均枯死，仅有地下部分宿存。

李时珍在《本草纲目》中评述到："群花品中，以牡丹第一，芍药第二，故世谓牡丹为花王，芍药为花相。"牡丹与芍药的花期相差大约半个月，牡丹一般于4月下旬率先开花，芍药要到5月上旬才开。从花期上说，也许牡丹抢占了先机，先入为"王"，芍药也就只好退而为"相"了。

图7-3　芍药

图7-4　牡丹（左）与芍药（右）叶的区别

拓展 7-1　　　　　　　　　"国花"之争

"国花"是一个国家的象征，世界上 100 多个国家都有各自的"国花"，而我国却一直没有确定"国花"，这多少有些缺憾。

我国至今没有确定"国花"，并不是没有可供候选的对象。比如牡丹，产于中国，世界知名，观赏性好，又兼具很高的药用价值，是一种美誉度和知名度俱高的花卉，以它作为中国的"国花"很有代表性。也不是我国不重视国花的评选，民间评选"国花"的呼声很大，我国政府也早已在政府层面推进"国花"的评选。尤其是随着改革开放，我国的经济形势越来越好，国际地位越来越高，"国花"的议题早就被提上了政府的议事日程，20 世纪 80 年代起，有关方面就开始着手"国花"的评选了。

我国幅员辽阔，物产丰富，各地的人文、风俗各不相同，"国花"的评选一直未果，其实是一个幸福的烦恼。北有牡丹，南有梅花，兰花、荷花、菊花等又各有优势，哪一个当选都有充足的理由。我国也曾经有过"国花"：清代时北方统治，"国花"为牡丹；民国时南方主政，"国花"为梅花。那么现在究竟谁该来担当"国花"的重任呢？

除了幸福的烦恼之外，与"国花"当选相随而至的各种文化的、经济的、社会的影响也是巨大的，这也在很大程度上左右着"国花"的评选。

一晃 30 多年过去了，"国花"依旧未定。直到 2019 年夏天，"国花"的评选终于有了一点新的进展。

据报道，2019 年 7 月 15 日，中国花卉协会在中国林业网、中国花卉协会网和"中国花卉协会"微信公众号发出《投票：我心中的国花》，向公众征求对中国"国花"的意向。公众对"国花"高度关注，积极踊跃参与，截至 2019 年 7 月 22 日 24 时，投票总数 362 264 票，投票结果牡丹胜出，得票高达 79.71%。

不过这只能说是有了一点新的进展，事情还没有结束，还没有到"金榜题名"的时候。

中国花卉协会这次公开征集投票时表示，确定我国"国花"的基本条件是：一是起源于中国，栽培历史悠久，适应性强，分布广泛，品种资源丰富；二是花姿、花色美丽大气，能反映中华民族优秀传统文化和性格特征；三是文化底蕴深厚，为广大人民群众喜闻乐见；四是用途广泛，具有较高的生态、经济和社会效益。就这四项条件而言，牡丹具备，梅花同样具备，兰花、荷花、菊花等也不相上下。因此，这次的票选还仅仅是牡丹作为"国花候选人"的一次单项选择，接下来应该还有梅花或其他花卉的票选，否则就缺乏公正性了。"国花之争"还得继续。

顺便说说"国鸟"的"难产"。2003 年国鸟评选时，丹顶鹤的得票最高，丹顶鹤也历来为国人所喜爱，它的当选应该没有异议，但是丹顶鹤最终落选了。落选的原因是丹顶鹤的学名为 *Grus japonensis*，直译就是日本鹤，国人接受不了。其实拉丁学名的命名只是一个学术性问题，不至于也不应该影响到丹顶鹤的当选。

可能不大会有疑义的是"国树"——银杏、"国兽"——大熊猫，假如也要评选的话。

2. 为什么属于毛茛科

为什么把花王牡丹、花相芍药归入毛茛科？毛茛不过是一种多年生的、开着小黄花的野草，知道毛茛或不知道毛茛的人可能都会诧异，堂堂花王、花相怎么会与这种不起眼的野草结亲？

让我们来了解一下毛茛科的特点，也探知一下贵为花王、花相的性奥秘。

毛茛属（*Ranunculus*）是毛茛科（*Ranunculaceae*）的模式属，也就是最能代表毛茛科的一类植物，图7-5是毛茛属的代表毛茛（*Ranunculus japonicus*），这是一种全国广泛分布、上海也很常见的野草。图7-6是它的花、果实特写。花黄色，花瓣5片；雄蕊多数，着生于凸起花托的下部，花药长圆形；果实为聚合果，好多小果彼此分开，螺旋状着生在凸起的花托上部。小果剖开，子房1心皮1室，内含1胚珠。

在由不同学者建立的不同的分类体系中，毛茛科多与木兰科排列的位置靠近，其中很重要的根据就是雌蕊由离生的心皮构成，螺旋状排列在花托上。所不同的是，毛茛科的花有明显的花萼、花瓣之分，各为5枚；果成熟时小果稍带肉质，不开裂，是为瘦果而非蓇葖果。

作为毛茛科模式属的毛茛属植物的主要特征可以归纳如下：萼绿瓣黄各5枚，雄蕊多数药长圆，心皮分离螺旋生，聚合瘦果一胚珠。

毛茛科有50属近2 000种，各属之间有不少差异，重要的共性是：花萼花瓣多为五，雄蕊、雌蕊均多数，心皮分离聚合果。

再来看看牡丹和芍药的生殖器官。

图7-5   毛茛

图7-6   毛茛的花与果

a.花和聚合果近观；b.离生心皮螺旋状排列；c.单个瘦果剖开，内有1胚珠；d.花俯视，花瓣5片，雄蕊、雌蕊多数

图 7-7　牡丹
A. 花外观；B. 去掉花瓣和雄蕊后露出的雌蕊

图 7-7 是牡丹的花及雌蕊。牡丹的花萼、花瓣均 5 枚，不过现在所见的牡丹绝大多数是人工选育后的重瓣品种。牡丹的雌蕊多数情况下有 5 个离生的心皮，照片所摄可能是栽培引起的变异，有较多个离生心皮。

芍药的情况相似，图 7-8 是芍药的花及解剖。栽培观赏的多数是重瓣花，花色白或红；雄蕊多数，花药黄色、条形、纵裂，花丝红色；雌蕊数枚，离生，每个心皮 1 室，内含多颗胚珠。

分类学讲究的是证据，特别是本书所探索的各类植物生殖器官上的特征更是传统形态分类学的关键证据。牡丹和芍药都属于芍药属（*Paeonia*），根据其雄蕊多数、雌蕊由若干分离的心皮组成、1 心皮 1 室、每室多颗胚珠等性状，在传统的植物分类上将其归入毛茛科。花草本无贵贱，好看或不好看也来自人主观意向，所谓花王、花相不过是人的一厢情愿，甚至所有花草的名字也是人按照自己的喜好来定的，因此，牡丹、芍药归在毛茛科一点也不用诧异。诚如清代袁枚诗云："苔花如米小，也学牡丹开"，毛茛虽小虽野，也一样开出与牡丹相似的花。

不过，芍药属的分类位置一直以来也存在不少争议，比如它的雌蕊由少数离生心皮构成、并非螺旋状排列、果为蓇葖果等，所以有不少人倾向于设立独立的芍药科。

图 7-8　芍药

A. 芍药花近观；B. 芍药的雄蕊和雌蕊；C. 芍药花纵剖（花丝紫红，花药黄色，子房分离）

拓展 7-2　　　　　　　　　植物分类的依据

植物分类的依据是什么？笼统地说，植物分类的依据就是植物之间的亲缘关系。亲缘关系近的归为一"家"，亲缘关系远的分到另一"家"。

那么，植物相互之间的亲缘关系又是根据什么来判断的呢？

最简单的判断方法就是看两者之间长得像或不像，植物分类专业上这叫作形态学依据。形态学依据可以是营养器官根、茎、叶的性状，也可以是生殖器官花、果实、种子的性状。在划分种以上分类单位中，花和果实的特征尤其重要。

如图 7-9 所示两种植物，我们可能尚不确知它们的名字，但根据它们的果实或花，我们可以判断它们分别是豆科和木兰科的，因为它们的生殖器官与我们已经掌握的豆科、木兰科植物的特征相吻合。

当然，植物分类毕竟是一项严谨的工作，单靠外貌上的像或不像远远不够，还需要借助进一步的证据，才能得出更为合理的判断。比如，八角和五味子、牡丹和芍药，传统分类上根据花被、雄蕊、雌蕊的特性分别归属木兰科和毛茛科，但在心皮数目、着生方式、果实结构上又有所差异，有的分类学家主张各自独立成科——八角科、五味子科和芍药科。同样是形态学依据，在归属的最终判定上，孰轻孰重，难以权衡。

形态学依据终究是表面性的，出错也在所难免。打个比方，父亲觉得儿子与自己长得不像，而与别人有点像，因此产生怀疑，去做亲子鉴定。亲子鉴定的依据是 DNA，遗传因子自然要比表面形态稳定得多，也可靠得多。因此，当形态学依据不足以做出确定的结论时，深入植物体内部的细微结构证据、细胞或分子水平的证据等也越来越被广泛采用。不过，包括 DNA 的亲子鉴定在内的各种方法也都不是 100% 确定的，它们也只是提供一个相对比较准确的可能性。

亲缘关系的判定一向是植物分类学的一个难题。随着现代技术的发展，运用生物化学、遗传学等证据来判定亲缘关系成为可能，不过这个是分类系统学家的研究，与大众的距离太大，对于普通的专业人士和广大兴趣爱好者而言，在进行植物间亲缘关系的判断时，最实用、最便捷的途径仍然是形态学依据，尤其是植物的花、果实的形态结构。

从理论上说，形态学依据与生物化学、遗传学依据应该存在较高的吻合度。

图 7-9　两种"不知名"植物
A. 豆科；B. 木兰科

3. 毛茛科之观赏植物

毛茛科也是一个不小的科，除了牡丹、芍药这样名头响亮的外，还有不少名头不响但也极具观赏价值的花卉。

毛茛属植物中的绝大多数为野草，花小而缺少观赏性，但该属的花毛茛（*Ranunculus asiaticus*）却是花大而艳丽，栽培的重瓣类型乍一看有点像牡丹。花毛茛原产于欧洲，因此也有人叫它洋牡丹（图7-10）。

图7-10 花毛茛

A. 花毛茛近观；B. 花毛茛群栽

观赏性高的还有楼斗菜、飞燕草、还亮草等，分别见图7-11~图7-13。这些植物的花色彩艳丽，花型奇特，大而美观。需要说明的是，这些植物的花冠基部往往延伸成细管状，植物学上称其为距，通常是花的蜜腺所在的部位。其他如兰科、堇菜科、凤仙花科、罂粟科等科的一些植物也常具距。

图 7-11　**大花楼斗菜**（*Aquilegia glandulosa*）

A. 大花楼斗菜外观；B. 雄蕊；C. 雌蕊

图 7-12   飞燕草（*Consolida ajacis*）

图 7-13   还亮草（*Delphinium anthriscifolium*）

A. 全株，示羽状复叶；B. 花近观，可见上翘的距；C. 果实
（3 心皮离生的蓇葖果）

这些漂亮的毛茛科植物大多数栽培时间不长，或是新近从野生植物资源宝库中开发成功的，或是从国外引入的，为上海的城市空间增加了不少亮色。

毛茛科中还有一个比较特殊的属——铁线莲属（Clematis），藤本，叶对生，花为单被花，花萼花瓣状，这些特点与毛茛科别的属不大一样，但雄蕊多数，离生心皮，每心皮1室1个胚珠，分类学家还是将它归入毛茛科。

铁线莲属我国有100余种，大多具有一定的观赏性，吸引眼球的主要是它的花，花型较大而色彩多样。从花的发育和构成来说，它靓丽的"花瓣"其实是花萼。因为是单被花，在植物学上，一般认为单被花的"花被"是花萼而不是花瓣，即便花萼漂亮、鲜艳得如同花瓣。

🌿 图7-14是拍摄自浙江淳安的一种野生的铁线莲属植物山木通（Clematis finetiana），花白色，花直径约4厘米，是一种潜在的观赏植物资源。图7-15是几种栽培观赏的铁线莲（Clematis sp.），花更大，观赏性更佳。

图7-14　山木通（摄于浙江淳安）

图7-15　几种栽培铁线莲（摄于辰山植物园）

图 7-16 是引自日本的近年
选育成功的一种杂交铁线莲，被
人们称为"如古""紫铃铛"，英
文名 Rooguchi。花如紫色铃铛
下垂，极美。图 7-17 是它的花
解剖图，可以看到该花各部的数
目与着生方式，以及雌蕊和雄蕊
的局部特写。

图 7-16　铁线莲"如古"

图 7-17　铁线莲"如古"花解剖
a. 花；b. 打开花被；c. 拨开雄蕊；d, e. 雌蕊；f. 柱头放大；g. 雄蕊顶端放大

第八章 花中西施之家

—— 杜鹃花科

1. 花中西施

白居易有诗赞美杜鹃花:"闲折一枝持在手,细看不是人间有。花中此物是西施,芙蓉芍药皆嫫秀。"杜鹃的花中西施之名由此传开。

古人吟诵杜鹃花的诗词很多,比较有名的还有李白的"蜀国曾闻子规鸟,宣城还见杜鹃花。一叫一回肠一断,三春三月忆三巴",杜牧的"似火山榴映小山,繁中能薄艳中闲。一朵佳人玉钗上,只疑烧却翠云鬟"等。

据考证,被誉为花中西施的杜鹃花学名是 *Rhododendron simsii*,广泛分布于我国长江以南地区,每年4~5月,漫山遍野盛开,民间又习称为映山红。因其漂亮而栽培历史悠久,遍布各地庭园、绿地。

滨江森林公园是上海栽植各种杜鹃花最为集中和丰富的公园。关于杜鹃花的栽植和展示,公园介绍如下:"杜鹃园,位于公园中心位置,占地近100亩(1亩≈666.67平方米),此次(2019年4月)花展,公园进一步丰富品种、合理布局、突显特色,使景观进行了整体优化。以花色分成不同区域,分别种植以杂色、红色、粉色杜鹃,形成简洁、大气、壮观、气魄的花的海洋。杜鹃园最佳观赏期在4月中下旬,400多个品种,数万株杜鹃花在园内的溪、谷、坡、林间随着起伏的地势相互交错,将成为一场美丽的视觉盛宴,尽享一览醉人风光。"

这里所指的"品种"并非分类学上"品种"的概念,它只是一个泛指,既是指杜鹃花或映山红(*Rhododendron simsii*)缤纷多姿的众多栽培品种,也是指杜鹃花属(*Rhododendron*)中的多个种类。图8-1是一组摄于滨江森林公园的精品杜鹃。

图 8-1　若干种杜鹃花

2.野生木本花卉

　　杜鹃花科与报春花科、龙胆科并称为三大野生花卉之家，因为这三个科拥有众多人为培育尚少的潜在的野生观赏植物资源，其中杜鹃花科以木本观赏植物驰名中外。

　　杜鹃花科是一个大科，有103属，我们最为熟悉的当属杜鹃花属。杜鹃花属约有1 000种，我国有近600种，大多分布在云、贵、川一带，上海栽培的杜鹃花属的种类不多，滨江森林公园让我们有机会欣赏到多种杜鹃花。

　　图8-2是锦绣杜鹃（*Rhododendron pulchrum*）。这是上海公园、绿地和街头最常见的一种杜鹃花，花冠玫红色，略大于映山红，观赏性不输于映山红。被誉为"花中西施"的映山红因其性喜酸性土壤，在上海栽培反而受限。

图8-2　锦绣杜鹃远观

锦绣杜鹃花萼较大，花冠 5 裂，具深红色斑点；雄蕊 10 个，略短于花冠；子房有毛，中轴胎座（图 8-3、图 8-4）。此外，锦绣杜鹃的芽鳞具黏液。

图 8-3　锦绣杜鹃花近观

图 8-4　锦绣杜鹃花的解剖

A. 半侧 5 个雄蕊；B. 花萼与雌蕊；C. 子房有毛

图 8-5 是云锦杜鹃 (*Rhodo-dendron fortunei*)。它的花期稍迟，已经立夏，滨江森林公园中许多杜鹃花已经凋谢，树林中的云锦杜鹃仍然盛开着。云锦杜鹃花大而娇美，观赏价值高，主要分布在我国长江以南海拔 1 000~2 000 米的山坡、林下，在华东南部四省的风景区中，海拔 1 000 米左右的山地上时有见到。它是上海周边不多见的又能在上海栽植成活的高山常绿杜鹃种类，是一种值得开发、推广的观赏杜鹃。

从远观，云锦杜鹃在上海的杜鹃家族中体型较大，从近景及解剖图上看，云锦杜鹃花大、叶大、叶革质、全缘、常绿。比较特殊的是它的雄蕊，有 14 个，大多数杜鹃花是 10 个雄蕊，少数 5 个；花丝白色，长短不一，明显短于花柱。花药孔裂，这是杜鹃花科有别于其他科的一大特征 (图 8-6、图 8-7)。

图 8-5　树林中的云锦杜鹃

图 8-6　云锦杜鹃近观

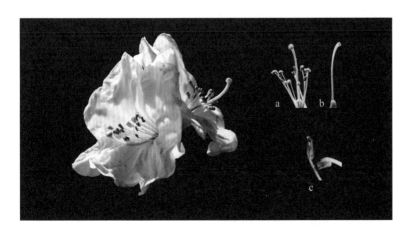

图 8-7　云锦杜鹃的花
a. 雄蕊、雌蕊；b. 雌蕊；c. 花药，孔裂

图 8-8、图 8-9 是一组羊踯躅（*Rhododendron molle*）。羊踯躅的花冠黄色，在杜鹃花家族里比较稀罕，容易识别。在公园的白色花房里，有几棵黄色的杜鹃特立独行，宛如金色的仙女下凡，它们是从贵州引种培养的；图 8-10 是它的花近观及解剖，可见 5 个雄蕊，短于花冠，子房被毛，为 5 心皮结合的中轴胎座。

羊踯躅植株各部含有毒素，误食致人腹泻、呕吐或痉挛；羊食后往往踯躅而死亡，故得此名，民间又称其为"闹羊花"。羊踯躅毒素可用作麻醉剂、镇痛药，也可做农药。

图 8-8　花房里盆栽的羊踯躅

图 8-9　羊踯躅盆栽植株及花特写

图 8-10　羊踯躅花近观及解剖

A．近观；B．柱头横切；C．子房纵剖

🌿　图 8-11 是百合花杜鹃（*Rhododendron liliiflorum*），它的花芳香，花冠洁白，裂片浅，花冠筒长可达 10 厘米，很像百合花，观赏性极佳。主产于湖南、广西、贵州，上海滨江森林公园有栽培。

图 8-11　百合花杜鹃（摄于滨江森林公园）

高山杜鹃

与月季、玫瑰、牡丹等名花不同，杜鹃花可以指具体某一个种，也可以泛指杜鹃花属中的各种杜鹃花，比如贵州著名的百里杜鹃景区，每年4~5月漫山遍野的杜鹃花竞相开放，绵延百里。实际上百里杜鹃景区有40余种杜鹃花。

高山杜鹃也有类似的情况。如今媒体、坊间、园艺圈常提及高山杜鹃，但在植物分类上存在一些不够确切的说法。

第一，叫高山杜鹃的种确实存在，它的学名是 *Rhododendron lapponicum*，又名小叶杜鹃，主要分布于我国东北大兴安岭、长白山等地，以及格陵兰、北欧、阿拉斯加、西伯利亚等高纬度地区。就其分布和习性来说，该种并不适合上海的生境。

第二，杜鹃花属下有一个包括高山杜鹃在内的高山杜鹃亚组，共有40种，除了上述高山杜鹃外，大多分布在我国川滇、青藏海拔3000米以上的区域。这些种也都可泛称为"高山杜鹃"，在上海也难以生存。

第三，杜鹃花属下还有一个常绿杜鹃组，叶均常绿，花大而美观，有260余个种类，其中绝大多数分布于我国西南云、贵、川海拔2000~3000米的山地，是极佳的观赏植物资源，欧美不少植物园已有上百年的引种栽培历史，国内庐山植物园、昆明植物园、杭州植物园等少数地方也有一定栽植规模的多种常绿杜鹃。因其分布海拔较高，我们也时常称之为"高山杜鹃"，上海花卉市场常见的高山杜鹃多为这一类，追其来源，多属"出口转内销"，欧洲人从我国西南地区引种、驯化后再出口到国内。在上海花卉展览会上，有一些来自远方的高山杜鹃即属此类，其花色艳丽、色泽独特，很引人注目（图8-12）。

第四，云锦杜鹃主要分布在海拔1000米左右的山地，东南丘陵地带也可算高山，上海有几个公园露天栽植的高山杜鹃即是此种。

十几年前上海园林部门着手研究开发"高山杜鹃"的观赏资源，主要目标是分布于云、贵、川一带的常绿杜鹃组的成员，希望能够在上海街头也能看到"高山杜鹃"。相比较而言，云锦杜鹃在上海推广、普及的可能性或许更大一些。

图 8-12 高山杜鹃（摄于上海花卉展览中心）

3. 为什么属于杜鹃花科

杜鹃花科是一个较大的科，其中杜鹃花属种类数将近全科的三分之一，值得一提的还有越橘属和欧石南属。

越橘属（*Vaccinium*）有 400 多种，国产 100 种左右，大多野生，有不少种的果实酸甜可食，富含维生素 C。上海原先极少见越橘属植物，近年来该属出了一个"明星"——蓝莓，越橘属也受到了关注。

图 8-13 是蓝莓（*Vaccinium uliginosum*）的枝叶及果实。蓝莓主要分布于北温带，欧美人食用蓝莓的历史大约有 100 年，我国东北地区也是蓝莓的产地之一，民间习惯称之为笃斯越橘或笃斯。蓝莓为落叶灌木，图上的果实可以看出它是由子房下位形成的，宿存的花萼 5 枚，位于果实的顶部而非基部。

图 8-13　蓝莓的枝叶与果实

图 8-14　欧石南属的代表之一

　　欧石南属（*Erica*）约有 800 种，是杜鹃花科的第二大属，但主要分布在欧洲和非洲，尤以南非居多，所以国人对这类植物较为陌生，上海也引栽甚少，还因该属常写作欧石楠，会与蔷薇科的石楠属相混淆。之所以在此一提，一是因为该属植物种类很多，仅次于杜鹃花属；二是该属植物的花也漂亮，观赏价值大，国外花园里栽植普遍；三是该属是杜鹃花科的模

式属，杜鹃花科的拉丁文科名是 Ericaceae，与欧石南属的属名 *Erica* 是同一个词根。严格来说，按照植物分类学的规定，*Ericaceae* 的中文应该是欧石南科，只不过国内学界考虑到国人对杜鹃花的熟悉，也就按习惯而没有按规定把它叫作杜鹃花科。图 8-14、图 8-15 是欧石南属的几种植物，花小，密集生于植株上部，花冠色彩丰富，观赏价值高。

　　杜鹃花科属多种类亦多，很多为具观赏性的花灌木，花较大，花各部多为 5 或 10 数，花冠结合，漏斗形或坛状；花药有一个特别的地方，由顶端开口散出花粉，这在植物学上叫作花药孔裂；子房是由 5 心皮结合的中轴胎座，蒴果或浆果。

　　综合以上，杜鹃花科的特征可以归纳如下：木本单叶多互生，萼瓣五数常结合，雄蕊为十药孔裂，中轴胎座五心皮。

图 8-15　欧石南属的代表之二

拓展 8-2 中国是世界园林之母

中国是世界园林之母，这句话很提振人心，特别是激发了中国园林人士的自信心和自豪感。但这句话也一直存在疑义，因为中国园林与世界园林，尤其是西方园林差异很大，似乎很难找到两者之间的传承。

其实，这句话并不是国人的自吹自擂，这句话倒是外国人说的。

说这话的是英国植物学家 E. H. 威尔逊。20 世纪初威尔逊先后受英国、美国的植物园委派来到中国，主要在中国中西部地区采集植物标本，并寻觅适合在欧美栽培的园林观赏植物。威尔逊前后进入中国中西部山区（4 次）及台湾（1 次），历时 10 余年，采集了 5 万份植物标本，并收集了近 2 000 份植物的种子、地下茎等，发现、命名了上千种植物新种，在植物学研究史上写下了浓重的一笔，对观赏植物资源的利用做出了巨大贡献，也向世界积极介绍和推广了中国丰富的植物资源。

1929 年，威尔逊根据他的中国考察经历出版了考察集 China: mother of gardens，他在书中写道："中国的确是园林的母亲，因为在一些国家中，我们的花园深深受益于她所具有的优质品位的植物，从早春开花的连翘、玉兰，到夏季绽放的牡丹、蔷薇，再到秋天傲霜的菊花；从现代月季的亲本、温室杜鹃、樱草，到食用的桃子、橘子、柚子和柠檬等，这些都是中国贡献给世界园林的丰富资源。事实上，美国或欧洲的园林中，无不具备中国的代表植物。"

这就是"中国是世界园林之母"一语的出处。

威尔逊的话并不错，很多产自中国的植物确实扮靓了欧美的花园，国人喜爱的牡丹、月季、杜鹃、菊花等，外国人同样喜爱，如果缺少了来自中国的植物，欧美的花园就会大大逊色。疑义的产生可能主要是中外语言和文化的差异，garden 一词与中文的"园林"并不完全同义，欧洲人引进了中国美丽的花卉，并未引入中国造园的理念与技艺。

国内曾有学者提出，中国的"园林"译作 garden 并不恰当，建议采用 Landscape Architecture，这也正是考虑到了中国园林与西方 garden 之间的差异。

说到中国植物对欧洲 garden 的贡献，就绕不开中国的杜鹃花以及杜鹃花属之下的常绿杜鹃。威尔逊及其后的另一英国植物学家 George Forrest 深入中国西南山区，收集了大量的各种常绿杜鹃的标本和种子，既鉴定、发表了很多新种，也为英国及欧洲其他国家的花园引进了多姿多彩的常绿杜鹃，这也就是如今上海花市上见到的"高山杜鹃"的源头。遗憾的是，国内园艺界尚未好好开发、利用这些自家拥有的美丽资源。

第九章 素雅芬芳之家

——

木犀科

　　春天来了，迎春花开，金钟绽放，在路边、岸坡、花坛，它们赶在蔷薇科的繁花盛开之前，点亮了一片黄色的风景。春走夏至，最难忘的是茉莉花的芬芳，很多人总会去买回几株茉莉，精心养着。秋天到了，桂花独特的芳香漫散在空气中，沁润着我们的肺腑。

　　这些都是木犀科的观赏植物，花色素雅，花香芬芳。

1. 木犀科的几个代表植物

（1）春的使者——迎春花

　　宋人韩琦有诗形容迎春花："迎得春来非自足，百花千卉共芬芳。"迎春花（*Jasminum nudiflorum*）为木犀科落叶小灌木，早春 2~3 月先叶开花，小黄花缀满枝条（图 9-1），预示着春天的到来。图 9-2 是以迎春花为主角的摄影小品"春天的使者"，迎春花之名可谓名副其实，如今在我国及世界各地广为栽培。因其植株小巧玲珑，也是制作盆景的好材料。图 9-3 是它的花近观及解剖，花冠 6 裂，雄蕊 2 个，雌蕊 1 个，雌蕊略长于雄蕊，生于花冠筒内。

图 9-1　早春二月迎春花先叶开花

图 9-2　摄影小品"春天的使者"

图 9-3　迎春花纵剖，花冠 6 裂，雄蕊 2 个，雌蕊 1 个

（2）夏的香魂——茉莉花

茉莉花（*Jasminum sambac*）在夏季开放，一枝茉莉花就能使室内香气弥漫。茉莉花花色洁白、香气浓郁，为著名的花茶及重要的香精原料，有着良好的保健和美容功效。茉莉花原产印度，我国南方庭园普遍盆栽观赏。江苏民歌《茉莉花》唱响全世界，成为中国民乐的经典和中国风貌的代表。茉莉花与迎春花同属，属名 *Jasminum*，英文为 jasmine，即指茉莉花。图 9-4、图 9-5 是茉莉花的近观及解剖图，可看到，它的花冠 6 裂，白色，雄蕊 2 个，雌蕊 1 个。

图 9-4　茉莉花近观

图 9-5　茉莉花

a. 含苞待放；b. 花开放特写；c. 花纵剖；d. 雄蕊 2 个，雌蕊 1 个

（3）秋的香甜——桂花

当茉莉的花香慢慢散去，我们便可以闻到甜甜的桂花香了。桂花的第一缕花香飘散后，便进入赏花的好时节。桂花小而精致，低调含蓄，又颇为婉约典雅。看上去美，闻起来香，让人心醉神迷。古往今来，不少文人墨客醉心于此，留下了"叶密千重绿，花开万点黄""疏影斑驳暗香来，无人知是桂花开"等脍炙人口的诗句。

🌿 **桂花**（*Osmanthus fragrans*）又名木犀，常绿小乔木，是木犀科、木犀属的著名观赏植物，原产我国西南部，现各地广泛栽培。它的花为名贵香料，并用作食品添加。桂花花期每年 9~10 月，恰逢我国传统中秋佳节，因此成就了很多有关桂花的文字和传说。上海桂林公园是上海以桂花为特色、桂树为基调的一个公园，地方虽不大，桂花栽植达 1 000 余株。

图 9-6　雨后的一地落英

每年桂花盛开的时候，周边的空气中都是桂花的芳香。甜甜的香味一般持续 10 天左右。但桂花开的时候最怕下大雨，不过一地落英也是一景（图 9-6）。

桂花开花还有一个变色的现象，同一植株上的花有白色、淡黄色和黄色之分。花色的变化因开花时间而不同，纯白色的属初开的花，即将凋落的花呈黄色。

图9-7是桂花的开花枝条，花小，数朵簇生；花瓣4片，雄蕊2个；桂花的雌蕊较小，藏于花冠筒内，外观不易看到。

图9-7   桂花的开花枝条

桂花堪称花中一绝，是我国传统十大名花之一。它集绿化、美化、香化于一体，种植桂花的园林和小区也越来越多。桂花有很多园艺品种，常见的有金桂、银桂、丹桂等，这些花期都在农历中秋，统称为八月桂，另外还有一年多次开花的四季桂。

1）丹桂

图9-8、图9-9是丹桂开花的枝条及花的特写。丹桂花为鲜艳夺目的橙红色，是颜色最漂亮的桂花品种。所谓中秋来临，丹桂飘香，这才是最正宗的丹桂。图9-10是桂林公园的丹桂。

图 9-8　丹桂的开花枝条（左）及花的特写（右）

图 9-9　丹桂的开花枝条

图 9-10   桂林公园的一组丹桂

图 9-11 是丹桂花的解剖，可以清楚见到桂花的性器官特征：花数朵簇生，花萼 4 片，较小，花冠 4 裂；雄蕊 2 个，生于花冠筒上；雌蕊 1 个，子房上位。

2）金桂

金桂是桂花中最名贵的品种，花芽密集，开放时集合成球，颜色金黄，香气袭人。图 9-12 是金桂的花近观及解剖，雄蕊 2，子房由 2 个心皮组成。

图 9-11　丹桂
a. 花特写；b. 具花枝条，花数朵簇生；
c. 花的解剖

图 9-12　金桂花近观（左）及解剖（右）

图 9-13   银桂花

3) 银桂

图 9-13 是银桂的花及特写。银桂是八月桂中数量最多的品种，花色以白为主，或为黄白色，生长速度比较快，香气淡雅。

4) 四季桂

四季桂一年可多次开花，图 9-14 是 2 月簇生在一起的花。图 9-15 是花的解剖，解剖镜下，我们看到它的雄蕊是如此的傲立而充满生机。桂花的花很小，我们只能依靠仪器才能进一步体会其微观之神奇。图 9-16 是四季桂树上 4 月结的果实，为核果。

图 9-14　四季桂的花（2 月）

图 9-15　四季桂花的微距结构

A. 簇生的花；B. 花冠及雄蕊

图 9-16　四季桂的果实（4 月）

2. 为什么属于木犀科

从迎春花、茉莉花和桂花的结构我们可以知道，它们的花瓣结合，4 裂或 6 裂，雄蕊 2 个，子房上位，具备这些性状的植物归在一起组成了木犀科。像紫茉莉、双色茉莉虽然叫作茉莉，但它们的花冠是 5 裂的，在性器官的特征上与迎春花、桂花等有差异或不相似，所以在分类上不归入木犀科。

归纳起来，木犀科的特征为：乔木灌木叶对生，花冠结合四、六裂，雄蕊两枚雌蕊一，子房上位两心皮。

木犀科的模式属是木犀榄属 (*Olea*)，木犀科的拉丁名是 *Oleaceae*。木犀榄即油橄榄 (*Olea europaea*)，象征和平的橄榄枝、产橄榄油的原料就是此种，我国不产，但有不少引种。所以本科的中文科名仍以我国产的著名的桂花（木犀）来命名。这点与杜鹃花科相似。

木犀科约有 27 属、400 余种，广布于两半球的热带和温带地区。我国有 12 属、约 200 种。除了茉莉属、桂花属，上海常见的还有连翘属、丁香属、女贞属等。

木犀科的经济价值很高，有许多重要的观赏植物、药用植物、香料植物、油料植物、材用树种、防护林树种等。

图 9-17 **野迎春（云南黄馨）**

3. 木犀科的其他观赏植物

（1）与迎春花同属的野迎春

野迎春（*Jasminum mesny*）其实不野，上海地区栽培很普遍，公园、道路绿化带，特别是在上海高架上悬挂的盆栽随处可见（图9-17）。因为它原产于我国西南，上海也习惯称之为云南黄馨。

野迎春与迎春花很像，叶都为对生的三小叶复叶，花黄色。区别点是：野迎春为常绿灌木，花较大，上海栽培的多为重瓣（图9-18）；迎春花落叶，花较小，单瓣。

图9-18　野迎春花特写

（2）与迎春花同属的探春

🌱 探春（*Jasminum floridum*）有点特别，叶互生，花瓣 5 裂，这些特征乍看上去有点不像是木犀科的，但它的雄蕊有 2 个，雌蕊 2 心皮，植物分类学家还是将它归入木犀科。图 9-19 是探春的植株，3~5 小叶复叶，花冠黄色，5 裂；图 9-20 是探春花的解剖，雄蕊 2 个，内藏于花冠筒内，花柱 1 条伸出花冠筒口外。因花期 5 月而得名"探春"。

（3）与迎春花花期相近的金钟花

🌱 金钟花（*Forsythia viridissima*）花期 3 月，与迎春花花期相近，也是先叶开放的小灌木，花黄色，有时也容易与迎春花相混。图 9-21 是金钟花初春开花时的景象，图 9-22 是金钟花的花特写及解剖，花冠 4 裂可与迎春花区别，雄蕊 2 个，雌蕊 1 个，亦为木犀科。

图 9-19　**探春的具花枝条**

图 9-20　**探春花枝（左）及花解剖（右）**
a. 花特写；b，c. 花纵剖（雄蕊 2 个，生于花冠筒上，雌蕊 1 个，花柱细长）；d. 子房横切

图 9-21　金钟花初春先叶开花的景象

图 9-22　金钟花的花特写及解剖

（4）著名的丁香

丁香（*Syringa oblata*）名声很大，栽植广泛，因花紫色又常称作"紫丁香"，另有一花白色的变种称作"白丁香"。丁香的花芳香，可提取芳香油。图 9-23 是丁香的花序，图 9-24 是它的花近观及解剖，花冠 4 裂，雄蕊 2 个，雌蕊 1 个。

图 9-23　丁香的花序

图 9-24　丁香花近观（上）及解剖（下）

（5）上海常见的女贞

女贞（*Ligustrum lucidum*）为常绿小乔木，可作为行道树、庭院树、防护、绿篱等，用途广泛。图9-25是女贞的全株及落花，图9-26是女贞花序的特写及其花解剖，花白色、芳香，花冠4裂，雄蕊2个，木犀科的特点十分明显。

图 9-25　落花（左）及女贞全株（右）

图 9-26　女贞的花序特写（左）及花解剖（右）

植物检索表与植物识花软件

植物分类检索表在植物分类工作中非常有用，它是根据植物性状编排的一种查找未知植物名称的工具，是法国博物学家拉马克依据二歧分类原则创立的。它的构成按照植物成对性状非此即彼（一对性状的两种表现）排列，将一群植物分成相对的两个小群，再将小群分成更小的群，依次排列下去，直到检索到植物名称为止。它的形式有点类似二歧分支，在使用时，对照未知名称的植物特征沿着符合描述的途径（分支）走，不是上一条就是下一条，直到查到植物的名称。

表 9-1 是种子植物门中高等级单位的分类检索表。第一级分支包括叶、花 2 对性状，分别分出 2 个亚门；第二级分支包括子叶、叶脉、花 3 对性状，分出 2 个纲；第三级分支包括花被 1 对性状，分出 2 个亚纲。进一步还可以在各个高等级单位下编制渐次较小的分类单位的检索表，分目、分科、分属，直到分到种。

从理论上说，如果能做到把所有已知的植物都排入一个检索表中，那就可以根据这个检索表查找到我们拿到的尚不认识的植物叫什么。如果不在这个表中的，就很可能是新发现的种。但在实际上，植物检索表的使用受到不少限制。一般使用检索表，需要 2 个基本前提：一是所要检索的植物材料的完整，至少枝叶、花、果实齐全；二是使用者精通检索表的各种形态学术语，并能熟练观察、解剖获取检索所需的全部信息。因此，分类检索表还是主要限于专业人士使用。《中国植物志》收齐了全国的植物，也编制了各个等级单位的检索表，如果检索材料完整，就有可能检索知晓各种国产植物的名称。

分类检索表二歧分支的形式与计算机二元数据运算的特点相似，很多年以前就有人尝试运用计算机进行检索分类，但未有突破性进展。直到如今大数据背景下，多款植物识花软件的出现，才使得电脑代替人脑进行植物的分类识别成为可能。

植物识花软件是植物分类学家与软件工程师合作的成果。手机安装了识花 APP 后，将植物图片用手机扫描，只需几秒钟，识花软件就会告诉我们这种植物叫什么。植物识花软件让植物识别变得极其轻松，不仅有利于专业人士的工作，也让广大非专业的植物爱好者能方便地了解植物的名称。

不过也不要轻言"电脑完胜人脑"，电脑也有出错的时候，识花 APP 查到的结果最好还要与植物图谱进行比对来确认。我们以薄荷的三个不同部位的照片为例，分别用识花 APP 来查对，得到的结果分别是：A 为薄荷；B 为留兰香；C 为腺叶桂樱（图 9-27A、B、C）。

表 9-1 种子植物门下高等级分类检索表

1 叶为阔叶型；有真正的花，胚珠有包被（被子植物亚门）
　2 子叶 1 枚；叶常为平行脉；花 3 基数⋯⋯⋯⋯⋯单子叶植物纲
　2 子叶 2 枚；叶常为网状脉；花 4 或 5 数（双子叶植物纲）
　　3 花无花被或单被或有花萼、花瓣，花瓣分离⋯⋯离瓣花亚纲
　　3 花有花萼、花瓣，花瓣结合⋯⋯⋯⋯⋯⋯⋯合瓣花亚纲
1 叶为针叶型；无真正的花，胚珠裸露⋯⋯⋯⋯⋯裸子植物亚门

同一种植物不同部位、不同放大程度的照片，识花APP给出了不同的答案。

A为薄荷的可信度是79%，不算低但也不是很高，尚具有一定可信性，至少给出了一定的方向，便于进一步比对植物图谱，加以确定。B为留兰香的可信度是29%，这就偏低了，但留兰香与薄荷是同属的种类，也不算太离谱。C则偏离太多，查到蔷薇科里去了。

识花APP的识图原理是将扫描到的图像信息转化为数字信息，然后与数据库中相同或相近的数据比对，找出数据最接近的那一个对象。这样的扫描偏于外观和表面，难以深入花的内部，因此对于一些构造较为特殊，又深藏于内的花的信息就缺少探知，就会造成误差。薄荷虽属唇形科，却不是唇形花冠，白色的花冠又极为普遍，这可能是出错的原因。如果是唇形花冠，偏出唇形科的可能性就会低好多。C则是从薄荷花序上分离下来的花，没了花序的整体信息，识花APP缺少了方向，甚至连花瓣是结合还是分离都难以区分，也就给出了腺叶桂樱的结果了。

相信很多人刚玩识花APP时会用人脸或别的物件品的图片进行识别，识花APP照样会告诉你这是什么植物，而且有时可信度还不低。这可能就是目前条件下的电脑的缺陷，在某一确定领域内电脑以其运算的迅速和精确超过人脑，可一旦超出了它固有的范围，电脑就不如人脑的灵活与随机应变了。

人工智能会不会取代人脑？至少目前还没到这个程度。在现有条件下，电脑主要还是按照人脑的设计来解决问题、完成工作。识花APP有它巨大的优越性，分类检索表也有它不可替代的作用，尤其是专业人士目前还无法完全丢掉这个"看家本领"。

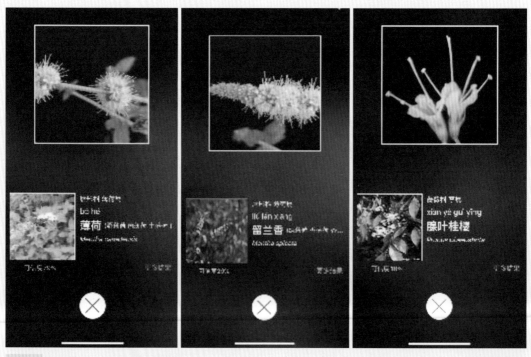

图 9-27　识花 APP 查对薄荷的三种结果

第十章

——

菊科

头 状 花 序 之 家

菊科是被子植物最大的一个科，全球约有 2 000 属、30 000 种，我国约占 1/10，种类多，分布广，不论沿海或内陆、湿润或干旱、高山或平原，从热带、温带到寒带，世界各地都有菊科植物的分布。菊科植物大多数为草本，少数为灌木或半灌木，稀为乔木。

化石资料表明，被子植物中菊科植物在地球上出现的时间较晚，因此是一个比较年轻的大科。几乎在所有的被子植物分类系统中，菊科的位置都被排在进化树的上部，在各个不同地区的植物志中，菊科也都是位居双子叶植物的最后一个科。

1. 菊科植物的代表

菊科植物中最为出名的莫过于菊花和向日葵了。

🌿 菊花（*Chrysanthemum morifolium*）历来是我国的传统名花，也一度是与牡丹、梅花并列的国花候选者，自古以来深受人们喜爱。历代诗人以菊花为题吟咏的佳作很多，著名的如晋代陶渊明的"采菊东篱下，悠然见南山"，唐代李商隐的"暗暗淡淡紫，融融冶冶黄，陶令篱边色，罗舍宅里香"，宋朝韩琦的"莫嫌老圃秋容淡，犹看黄花分外香"等。

菊花的品种很多，清朝《广群芳谱》所记载的就有将近 400 个品种，现在已超过 1 000 个品种。唐宋时代，菊花就已经朝鲜传到日本，17 世纪传到欧洲，然后再传到美洲。如今，菊花也已成为世界著名的花卉，装点了各地的园林。

图 10-1　共青森林公园菊展

图 10-2　共青森林公园部分菊展景点

上海共青森林公园每年秋天的菊花展是上海园艺界乃至市民生活中的一大盛事。2019 年第 13 届中国菊花展览会再一次"花落"上海，该次菊花展的主题是"菊耀盛世　璀璨中华"，分别在上海传统菊展胜地——市区的共青森林公园及位于郊区的两处江南古典式园林嘉定汇龙潭公园、松江方塔园三地举办。图 10-1、图 10-2 是该次共青森林公园的菊展盛况。公园巧妙地利用自身的环境作为天然背景，将植物、水系与各种菊花表现形式相融合，给人一种"看似林尽水缘处，又是万花丛中来"的感觉。或依水而建，或林下置景，或草坪造型，既有全国各地风貌和特色，也展示菊花栽培技术和造型艺术。菊花艳在深秋，它开在百花凋零之后，不与群芳争艳，显示出了恬淡自处的高风亮节，许多艺术家把菊花融入艺术品的创作中，发挥出无限的想象力。

图 10-3 是分会场嘉定汇龙潭公园的菊展场景。园方以有 400 余年历史的汇龙潭为核心，将菊艺景观与亭、台、楼、阁、花廊、水榭疏密结合，共同演绎古城魅力。多样化的立体景点，将菊花技艺展现得淋漓尽致。

图 10-3　汇龙潭公园的菊展

图 10-4 是部分菊花精品的特写。常见的菊花是黄色的，但菊花展览上展示的各种菊花则色彩丰富，或白而素洁，或黄而淡雅，或红而热烈。

不过，与其他名花不同，漂亮的菊花不能以"朵"作为量词来称之，如这朵黄的菊花、那朵白的菊花、一朵朵姹紫嫣红的菊花等，在植物学上是错误的。因为我们赏菊、咏菊所指的"朵朵"菊花其实不是一朵花，而是由很多花组成的花序——头状花序，其中纤细、飘逸、灵动的"花瓣"才是菊花真正的一朵朵花。

这是菊花与众名花的不同之处，也是菊科植物的典型特征，所以我们把菊科称为"头状花序"之家。

图 10-4　菊花精品

图 10-5 是同一个菊花花序具有"赤橙黄绿青蓝紫"不同的色彩，这并非普通的花朵染色。"七色花"是园艺师们运用"生物炫彩素"，通过温度、水分、光照及 pH 的合理调控，令菊花的根部对色素进行吸收，将多种色彩分别呈现在菊花的头状花序上。将它养于清水中，比一般鲜花保鲜期长 2~3 周。

生物炫彩素的运用也从一个侧面证明了菊花的"花"是一个花序，上面的一片片"花瓣"其实是一朵朵独立的小花，来自根部的炫彩素得以进入各自的吸收通道，从而实现一个花序上呈现不同色彩的目标。

切记，以后再去看菊展时可别再说"这朵菊花真漂亮"了，而应该说："这个头状花序真漂亮！"

图 10-5　运用生物炫彩素培育的七色菊花

图 10-6　向日葵的花（头状花序）

图 10-7　向日葵的果

图 10-8　向日葵属的千瓣葵

向日葵（*Helianthus annuus*）是菊科植物的另一个代表，原产北美，现世界各地广为栽培，一年生高大草本，清朝的《植物名实图考》将它称为"丈菊"。葵

花籽含油量高，也是各地人们广为喜爱的零食。图 10-6、图 10-7 分别是向日葵的花和果。与菊花一样，向日葵的"花"也是它的头状花序，葵花籽实际是

头状花序中朵朵小花结的果。图 10-8 是向日葵属的另一种，千瓣葵（*Helianthus decapetalus*），看上去像有很多花瓣的重瓣花，故名。

拓展 10-1   向日葵与梵高

说到向日葵，往往会联想到一个人，那就是画向日葵的梵高。

1888 年 2 月，已 35 岁的梵高从巴黎来到阿尔，来到这座法国南部小城寻找他的阳光、他的麦田、他的向日葵……梵高创作了大量描绘向日葵的作品。图 10-9 是其中最著名的一幅，现藏于伦敦国家画廊。

梵高曾说过："我想画上半打的《向日葵》来装饰我的画室，让纯净的铬黄，在各种不同的背景上，在各种程度的蓝色底子上，从最淡的委罗内塞的蓝色到最高级的蓝色，闪闪发光；我要给这些画配上最精致的涂成黄色的画框，就像哥特式教堂里的彩绘玻璃一样。"

梵高确实做到了让阿尔八月阳光的色彩在画面上大放光芒，这些色彩炽热的阳光，是发自内心虔诚的精神情感。走近梵高的世界，我们会流连忘返。艺术馆用新的视觉表现方法吸引了广大观众去享受艺术的美。

图 10-9   梵高的向日葵

拓展 10-2　　　　　向日葵向着太阳转吗

向日葵究竟会不会向着太阳转？这是关于向日葵的另外一个有意思的话题。

向日葵的学名 *Helianthus annuus*，它的属名的原意就是"太阳花"，种加词意为"一年生的"，它的英文名是 sunflower，也是太阳花的意思，引入中国后被称为"向日葵"。因此，向日葵会向着太阳应该不是没有根据的。但究竟会不会跟着太阳从东往西转呢？

向日葵会转，有人从生长素的作用逆向太阳光的角度给予了解释。不过，最大的疑问并不是它白天如何随着太阳转，而是晚上没有太阳的时候它又是怎么回复原位，得以在第二天继续转？

作家张抗抗发表于《学苑创造·C 版》2014 年第 2 期上的《天山向日葵》描述了她在天山看到的向日葵：

"从天山下来，已是傍晚时分，阳光依然炽烈，亮得晃眼。从很远的地方就望见了那一大片向日葵海洋，像是天边扑腾着一群金色羽毛的大鸟。

车渐渐驶近，你喜欢你兴奋，大家都想起了梵高，朋友说停车照相吧，这么美丽这么灿烂的向日葵，我们也该做一回向阳花儿了。

秘密就是在那一刻被突然揭开的。

太阳西下，阳光已在公路的西侧停留了整整一个下午，它给了那一大片向日葵足够的时间改换方向，如果向日葵确实有围着太阳旋转的天性，应该是完全来得及付诸行动的。

然而，那一大片向日葵花，却依然无动

图 10-10　同一丛向日葵早上 7 点和中午 12 点的朝向基本未变

于衷，纹丝不动，固执地颌首朝东，只将一圈圈绿色的带盘对着西斜的太阳。它的姿势同上午相比，没有一丝一毫的改变，它甚至没有一丁点儿想要跟着阳光旋转的那种意思，一株株粗壮的葵干笔挺地伫立着，用那个沉甸甸的花盘后脑勺，拒绝了阳光的亲吻。"

张抗抗的散文优美，被引进了中小学生的语文课本或辅助读物。由此，也可以说张抗抗关于向日葵的"并没向着太阳转"的记载向广大中小学生做了一次广泛的科普，或者说，至少提供了一个向日葵不跟着太阳转的证据。

种过向日葵的人也肯定地说，向日葵是从来不转的。

难道前人由来已久的说法真的是错误的

吗？我们效仿张抗抗也做了一次半天的观察，不过是在上午。图10-10是在11月同一地点分别摄于早上7点、中午12点的同一片向日葵，大多数向日葵的花的位置、角度基本没有变化，也就是没有发生转动。

不过，就此要得出"向日葵从来不转"的结论恐怕还是不够的，即便有著名作家的散文记录。我们的观察也时间、次数、样本都很有限，生命现象的偶然性很多，还需要进一步观察、研究。图10-11或许可以说明一些向日葵转或不转的问题的复杂性，同一天同一地点摄于中午12点的某一丛向日葵，太阳是从图的右侧照过来的，向日葵的"头状花序"有的向阳，有的并未向阳，有的还未抬起来。

图10-11　另一丛向日葵中午12点的各种朝向

2. 为什么属于菊科

　　无论是在 100 多年前梵高的画中，还是数年前张抗抗的笔下，向日葵都让人惊艳，不过也许画家和作家都还不清楚，他们描绘的向日葵并不是一朵花。向日葵与菊花一样都属于菊科植物，着生在茎的顶端，看上去像是一朵花的其实是菊科特有的头状花序，一朵"菊"花其实是一盘"菊"花。

　　通常在描述一朵花的组成时，我们常说，花的外边是花萼、花瓣，当中是花蕊。植物学上，花蕊还细分为雄蕊和雌蕊。当我们仔细观察菊科的"花"的时候就会发现它的组成要复杂得多——外边的"花瓣"上带有"花蕊"，里边的"花蕊"上又具有"花瓣"。所以说，菊科的"花"不是一朵简单的花，而是由很多花组成的花序。

图 10-12　银叶菊顶面观（黄色的花序和银色的羽状叶）

我们以银叶菊（*Senecio cineraria*）为代表，研究一下它的"花"的构成。图 10-12 是银叶菊的黄色的头状花序和银色的叶；图 10-13 是花序的特写，有很多小花，小花分二叉的柱头尤其清晰；图 10-14 是分离出来的小花，a 是位于花序边缘的小花，可见到舌状的花冠及基部的花柱和柱头；b 是位于花序中央的小花，具管状的花冠，结合成管状的雄蕊（花药），以及围在管中的雌蕊，柱头 2 个，花柱细长，穿过花药管，下端连接白色的子房（子房下位）；c 是剖开的花冠管，露出同样结合成管状的花药（聚药雄蕊）。

从银叶菊的"花"的构成可以看到，这不是一朵简单的"花"，而是有很多花组成的花序，边上带有雌蕊的"花瓣"与中央带有花冠的"花蕊"都是组成这个花序的成员。

菊科有 30 000 种植物，多姿多样，但万变不离其宗，头状花序是菊科大家族最为醒目的标志，如果见到这样的花序，我们就可以确定地说，它属于菊科。

图 10-13　银叶菊的花序特写

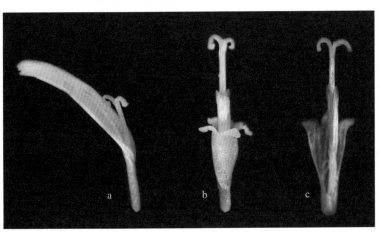

图 10-14　银叶菊的花

a. 花序外侧的一个舌状花，下部具雌蕊，花柱 1 柱头 2；b. 花序中央的一个管状花，花药结合成管，花柱 1 柱头 2，子房下位；c. 管状花纵切，花柱细长，上具 2 柱头，下穿过花药管连接子房

或许可以形象地比喻，头状花序让菊科众多伙伴团结成一个具有明确标志的大家族。如果再仔细研究这个头状花序，花序边缘的小花（缘花）通常为舌状，花序中央的小花（盘花）有的是管状，有的是舌状，据此可以将这个大家族再分成 2 个小的"团体"（亚科）。

图 10-15　南茼蒿的花序顶面观

一是像银叶菊这样的，缘花舌状，多数只具有雌蕊，是雌花；盘花管状，兼具雄蕊和雌蕊，为两性花。在植物分类上，这一类称为管状花亚科。向日葵和菊花都属于这一类。向日葵的舌状花大而显著，不过是中性的，不结实；中央的管状花是两性的，葵花籽就是管状花的果实。菊花则因人工选育的关系，

舌状花的大小和色彩通常变异很大，菊花的妖娆、妩媚主要来自它的舌状花，而管状花则很少或很小，甚至消失。图 10-15、图 10-16 是与菊花同属的南茼蒿（*Chrysanthemum segetum*），从它的花序的顶面和纵剖面上看，我们可以比较清楚地了解边缘的舌状花和中央的管状花的结构特点。

菊科的另一个"小团体"以蒲公英（*Taraxacum mongolicum*）为代表，它的头状花序的边缘和中央都是舌状花，没有管状花。这是菊科的另一个亚科——舌状花亚科。

图 10-16　南茼蒿的花序纵剖（两侧为舌状花，中央为管状花）

很多人都认识蒲公英毛茸茸的"球"（图10-17），对着它"呼"地一吹，蒲公英的种子就会轻盈地飘散开来。20世纪80年代的经典电影《巴山夜雨》中的插曲"我是一颗蒲公英的种子"让老一辈人印象深刻，认识和记住了蒲公英。不过从来源来说，飘散开来的其实不是蒲公英的种子，而是它的果实，顶上白色的毛称为"冠毛"，是花萼的变异。

蒲公英是一种不起眼的小草，早春萌发，叶几乎贴地生长，稍后中央伸出花葶，顶生一个黄色的头状花序，花序中的小花全部是舌状花（图10-18）。花序成熟、受精之后，就渐渐转变成为我们熟悉的毛茸茸的"球"了。

舌状花亚科除了头状花序都由舌状花组成外，还有一个特别的地方，它的茎叶含有白色的浆液，将其折断后可以清楚看见浆液流出。春天时，大家不妨采一株蒲公英，吹散它的"种子"后，也试着折断它的茎叶，看看是不是有这种现象。

综上，我们可以归纳菊科两个亚科的特征，管状花亚科：头状花序多草本，边花舌状中管状，雄五聚药柱头二，子房下位结瘦果；舌状花亚科：头状花序花舌状，茎叶折断有白浆，雄五聚药柱头二，子房下位结瘦果。

图 10-17　蒲公英的果实

A. 球形的果序；B. 飘散开来的若干果实及冠毛

图 10-18　野外的蒲公英全株（黄色的花序，白色的果序）

3. 多姿多彩的菊科大家族

菊科是一个大家族，上海地区栽培观赏的有很多，自然野生的更多。

图 10-19 是蓍（*Achillea millefolium*）。乍一看，这些美丽的小花与马缨丹有点像，然而当我们仔细辨析时却发现，构成整个花序的一朵朵"小花"其实是一个个头状花序。每一朵"小花"的边上红色的"花瓣"是舌状花，中间的"花蕊"是管状花（图 10-20）。所以，植物的精细结构需要我们好好探究，当我们一步一步走进植物的微观世界时，总是惊喜连连。

图 10-19　蓍（摄于辰山植物园）

图 10-20　蓍的解剖

a. 一个头状花序；b. 头状花序的剖开；c. 一个管状花；d. 一个舌状花

瓜叶菊（*Pericallis hybrida*）是一种大家比较熟悉的菊科植物，因其叶大如瓜叶而得名。它的头状花序也较大，舌状花尤其显著，中央的盘花则要小很多。图 10-21 是瓜叶菊的近观，图 10-22 是盘花的特写，以及分离出来的舌状花、管状花。

图 10-21　瓜叶菊的头状花序近观（缘花、盘花大小悬殊）

图 10-22　瓜叶菊

a. 盘花特写；b. 一朵舌状花和一朵管状花；c. 管状花；d. 一朵舌状花

上海还有很多野生的菊科植物，有的也很漂亮，如图10-23、图10-24 春飞蓬（*Erigeron philadelphicus*）。春飞蓬顾名思义，春季开花，舌状花微带粉红。《上海植物志》(1999) 有记载，上海极常见，但《中国植物志》(电子版) 尚未收录，仅有图片，《江苏植物志》亦无记录。不少人常将春飞蓬与一年蓬（*Erigeron annuus*）混淆，后者夏季开花，舌状花白色，借此可以区别两者。

图 10-23　春飞蓬近景

图 10-24　成片的春飞蓬

第十一章 粮食之家

——

禾本科

禾本科（*Gramineae*）是被子植物的第四大科，全球约有700属，近10 000种，分布极广，几乎地球上各种生境都有禾本科植物的踪迹。我国原产禾本科植物200余属、1 500种以上，全国各地均有分布。禾本科的模式属是早熟禾属（*Poa*），故科名亦称早熟禾科（Poaceae）。

稻、黍、稷、麦、豆，五谷中除了豆以外，其他都是禾本科的，高粱、小米、玉米、燕麦、青稞等粮食作物也都是禾本科的，禾本科植物还有很多种牧草。"禾"的本义即"粟"，现泛指各种粮食作物。因此，"禾本科"无论从字面上理解，还是看其实际上包括的重要种类，称其为"粮食之家"恰如其分。

禾本科种类很多，但按其植株形态可以明显地划分为一草一木两大类。草即禾草，各种粮食作物和多种牧草都属此类，分类上称为禾亚科，或因禾草种类很多而细分为芦竹亚科、假淡竹叶亚科、画眉草亚科、稻亚科、黍亚科、早熟禾亚科等；木即竹，包括各种各样的竹子，分类上称为竹亚科。

1. 竹

竹子大约有1 000种，主要分布在南美洲和亚洲的热带、亚热带区域，其他洲竹子很少分布，欧洲竹子是稀罕物，欧洲公园、绿地栽植的竹子大多是从中国引进的。我国有竹子500多种，主要分布在秦岭 - 淮河一线以南，是亚热带山区荒山造林、植被恢复的有用材料，也是江南园林的重要景观植物。

图11-1、图11-2分别是鲁迅公园、南翔古猗园的竹子景观。

图 11-1　上海鲁迅公园的竹子

竹子的挺拔和竹叶的姿态很有其独特的"骄傲"，古代文人墨客钟爱于歌咏竹。清代著名书画家、文学家郑板桥的诗"秋风昨夜渡潇湘，触石穿林惯作狂。惟有竹枝浑不怕，挺然相斗一千场"。借竹石来题写自己的为人正直、气节刚劲。《红楼梦》中林黛玉居住的潇湘馆就种植了大片竹林，以此来体现人物的清高孤傲之气。

南翔古猗园的竹种类丰富，有不少精品。图11-2下左1是佛肚竹（*Bambusa ventricosa*），秆下部节间短缩、肿胀，似菩萨肚皮鼓起状；下左2是龟甲竹（*Phyllostachys edulis* 'Heterocycla'），秆基部节间连续交互不规则短缩，如龟甲状，是我国的珍稀观赏竹。

图 11-2　南翔古猗园的观赏竹

众所周知，竹子的花很稀罕。一是因为有些竹子的花期不固定，而且间隔较长；二是因为有些竹子终生只开一次花，花后往往就会死亡；三是因为竹子即便开花也不显眼，无甚特别，有时即便见到也容易错过。所以看不到竹子开花很正常，未必是一种遗憾。

🌿 在霜降的时候寻寻觅觅，终于看到了难得一见的竹花（图11-3）。这是茶竿竹（*Pseudosasa sp.*）的花，花序褐色，不显眼；取其小穗，解剖可以见到完整的花，有雄蕊3个，花药淡黄色，柱头3个，羽毛状（图11-4）。

图 11-3 　开花的茶竿竹

图11-4　茶竿竹的花序及花
a. 花序；b. 一个小穗；c. 小穗中的一朵花；d. 花的解剖；e. 柱头羽毛状；f. 花药淡黄色；g. 鳞被

作为性器官，竹子的花显得并不重要，无论在它们的繁殖上，还是在它们的分类上。

在繁殖上，竹子主要是无性繁殖。竹子有非常发达的地下茎，借助地下茎横向蔓延，地下茎的节会发芽，向上伸出土表，这就是我们熟悉的笋。不少种类的笋可以食用，江南地区常见的是冬笋和春笋，华南地区则多在夏秋季出笋。笋就是竹子的幼苗，一支笋长大后就是一棵竹。竹子一般没有加粗生长，出土后的笋有多粗，以后的竹基本上就是多粗。

在分类上，竹亚科的属的划分除了少许用到小穗等性器官方面的特征，更多的是依据秆、节、叶、笋、地下茎等的形态与构造。因此，熟练掌握竹子的形态结构及其相应配套的专业术语是做好竹子分类的必要基础。

竹子的分类有点难。我们根据外观一看就知道这是竹子，但我们不太好判定这是哪一种竹子。禾草的分类也类似。一般来说，科的特征越一致，科内的分类就越难。

2. 禾谷类

禾本科的禾亚科包括了许多重要的粮食作物，统称为禾谷类，主要有稻类、麦类、高粱、玉米、黍、粟等。

（1）小麦

小麦（*Triticum aestivum*）是三大谷物（小麦、水稻、玉米）之一，全球广为栽培，主要用作粮食，仅约有 1/6 作为饲料使用。中国是世界较早种植小麦的国家之一。小麦是自花授粉作物。穗状花序直立，小穗单生，含 3~5（~9）朵花，上部花不育；颖片（相当于苞片）革质，卵圆形至长圆形，具 5~9 条脉；背部具脊；外稃船形，基部不具基盘，其形状、色泽、毛茸和芒的长短随品种而异。

图 11-5 是小麦开花与麦穗成熟的景观。图 11-6、图 11-7 是麦穗的近景及其一朵小花的解剖、放大图。图 11-8 是成熟的麦穗近景。小麦的花排列为复穗状花序，通常称作麦穗。麦穗由穗轴和小穗两部分组成，穗轴直立而不分枝，包含许多个节，在每一节上着生 1 个小穗。小穗包含 2 枚颖片和 3~9 朵小花，每个小花具 3 个雄蕊，柱头羽毛状，子房基部具 2 浆片。小麦花的外稃（相当于花萼）通常具芒，所谓"麦芒"指的就是它，成熟麦穗的麦芒非常明显。

图 11-5　5 月初开花（左）、6 月底成熟（右）的小麦

图 11-6　小麦麦穗

A.麦穗近观；B.小麦一朵小花（外稃具芒）

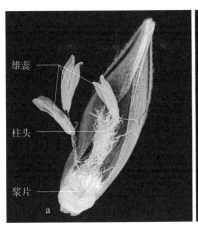
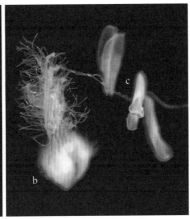

雄蕊

柱头

浆片

图 11-7　小麦花解剖

a. 去除外稃后的结构；b.雌蕊；c.雄蕊

图 11-8　成熟的小麦麦穗

（2）水稻

水稻（*Oryza sativa*）是一年生禾本科植物，高约 1.2 米，叶长而扁，圆锥花序由许多小穗组成。小穗排列疏松，花序弯而下垂。水稻种植在水田中，这是水稻与小麦习性上的区别。

图 11-9 是在浦东金桥国际广场前栽植的水稻。

城市广场上的水稻迎接着每天匆忙路过的城市人，广场水稻的绿化组合的创意很有意义：我们放慢脚步，在欣赏这些迷你版的稻田，会更加深切地去体会五谷丰登的含义。

图 11-10、图 11-11 是水稻的花序及其一朵花的解剖，雄蕊 6 个，柱头 2 个、羽毛状，子房基部有 1 对浆片（相当于花瓣）；外面有内稃、外稃（相当于花萼）。

图 11-9　金桥国际广场上的水稻

图 11-10　水稻花序近观（左）及水稻花的解剖（右）
a. 外稃、内稃与雄蕊、雌蕊；b. 浆片；c. 雌蕊

图 11-11　水稻

A. 水稻整株；B. 花序近观；C. 水稻的一朵花的构造

图 11-12 是成熟的稻穗。水稻在自花授粉时，雄蕊上的花药会破裂，花粉相当细小，会随风力的摇摆落到旁边雌蕊的柱头上。花粉管里的精子与子房中的胚珠结合，发育成种子。

图 11-12　成熟的水稻

（3）玉米

玉米（*Zea mays*），又名玉蜀黍、苞谷等，一年生高大草本谷物，原产美洲，现世界各地广泛种植，我国南北各地亦常种。

玉米的花单性，雌雄同株、异序，雄花序顶生，雌花序生于秆中上部叶腋。雌花序外有鞘状总苞，花序轴粗大，小穗纵向整齐排列于花序轴上。玉米雌花的花柱极为细长、蓬松，黄或红色，也就是我们平时所称的玉米须。

图 11-13 是玉米的雌雄花序及雄花的解剖、放大图。

图 11-13　玉米
A. 雌花序，生于秆中上部叶腋，细长、蓬松的花柱；B. 雄花序顶生；C. 雄花放大；D. 雄花序近观

3. 玩赏草

禾草的用途广泛，如粮食、牧草、药用、材用、工业原料等。近些年原本其貌不扬、荒郊田野广泛分布的禾草作为观赏植物居然异军突起，在城市绿化和景观中占据了重要地位。一些过去草原、牧区的牧草，变身为景观或运动场草坪。这都是禾草资源开发利用的一个新路径，体现了园艺师、景观师的慧眼和匠心。此外，一些禾草还是民间玩耍的用具。

不过，禾草（禾亚科）的分类也是有点难的，外观上各种禾草都有点像，这点与竹亚科很相似，乍一看，容易确定它们是禾本科的草，但辨认其是何属、何种则不是一件简单的工作。禾草的雄蕊、雌蕊的特征通常差异不大，属、种的鉴别更多地需要看小穗的构成、排列方式，以及颖片、内稃、外稃的特征等，比如其上的芒、脉、毛等的有无、数目等。

（1）草地新星黑麦草

黑麦草（*Lolium perenne*）是一种多年生草本，具细弱根状茎，秆丛生，高 30~90 厘米，具 3~4 节，质软，基部节上生根。黑麦草并不是黑麦，它原本是北方地区的优良牧草，因其生长快、长势好、耐寒、耐践踏等优点而被引作运动场草坪及城市景观草坪。近一二十年，上海很多球场、草地也铺设了黑麦草草坪，并且有不少在城市空地扎下根来。图 11-14 就是逸野的黑麦草及花序近观，图 11-15 是其花的解剖。

黑麦草穗状花序顶生，花果期 5~7 月。它的雄蕊、雌蕊与前述诸种差异不大，同样具有外稃、内稃，这说明了它们都属于禾本科。它的颖片、外稃具短芒，内稃与外稃几等长，具短纤毛。

图 11-14　逸生到市区的黑麦草和黑麦草顶生的穗状花序

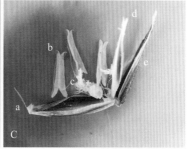

图 11-15　黑麦草的花序及花解剖
A. 花序近观；B. 花序局部放大；C. 一朵花
a. 外稃，具短芒；b. 雄蕊；c. 雌蕊；d. 内
稃，具短纤毛；e. 颖片，具短芒

（2）"网红"粉黛

粉黛乱子草（*Muhlenbergia capillaris*）是近两年的"网红"草，爱花人喜欢简称其为"粉黛"，其花盛开时，形成的浩瀚如烟的粉红海洋，让人着迷。粉黛乱子草的花语是"等待"，如今在上海不少地方可以看到越来越多"粉黛"的身影。杨浦滨江、世纪公园、广富林、彩虹湾绿地等都是观赏"粉黛"的胜地。

粉黛乱子草的花期秋季，长达 2 个月，可以从 9 月持续观赏到 11 月。

图 11-16 是杨浦滨江的"粉黛"，成片栽植，甚为壮观。

图 11-17 是"粉黛"的近观，"粉黛"的秘密关键在它顶生的云雾状粉红色花序。要想了解粉色小花的奥秘，就必须要借助仪器，深入它的微观世界，才能了解这种"网红"草的神秘。

图 11-16　杨浦滨江的粉黛乱子草

图 11-17　粉黛乱子草的云雾状粉红色
花序近观

图 11-18 的"粉黛"花的解剖。解剖镜下看,"粉黛"花的稃片、雄蕊、雌蕊等都带有粉色,这是"粉黛"的关键原因。

粉黛乱子草是乱子草属(*Muhlenbergia*)的一种观赏草。乱子草属有 100 多种,大多数分布于北美洲,多数种类是优良牧草。粉黛乱子草也原产于北美,因为它的花具有特别的"粉黛"而引作观赏植物,进而成为上海的"网红"观赏草。

图 11-18　粉黛乱子草微观

a. 部分花序特写;b. 小花整体(外稃、内稃各 1 片,雄蕊 3 个,雌蕊 1 个);c. 小花局部放大

(3)水边的芦竹和芦苇

芦竹(*Arundo donax*)可以说是最高大的禾草,高可达 5~6 米。不过芦竹虽然高大,名中带竹,它的茎并未木质化,还是属于草本植物。芦苇(*Phragmites australis*)也属高大禾草,一般高 2~3 米,比起芦竹还是明显矮了不少。芦竹和芦苇在上海郊区很普遍,现在也引入市区,成为城市景观的新元素。图 11-19、图 11-20 是杨浦滨江栽植的芦竹。

图 11-19　杨浦滨江的芦竹景观

图 11-20　芦竹的顶生圆锥花序

常有人说芦苇和芦竹很像，都株高叶大，不好区分。的确，仅凭植株的高矮来区分两者显然是不够的，当遇到矮小的芦竹或高大的芦苇可能就没有方向了。

其实两者的花序在外观上有一个明显的差别——芦竹的花序硬实、挺直，即便如图 11-19 中侧向生长，它的花序亦照样与茎秆保持一个方向；而芦苇的花序则比较柔软，易弯斜，而且深秋时分白色的"芦花"极为漂亮，见图 11-21、图 11-22，芦竹的花（果）序就大为逊色了。

图 11-21　芦苇的花序柔软、弯斜

此外，芦竹与芦苇的生境也不同。上海郊区常见芦竹和芦苇，特别是在南汇、奉贤、金山海边有成群、成片的芦竹和芦苇分布。虽然看上去都在水边，但芦竹习性偏中性，大多生于堤坝上的沙土中；芦苇生性好水湿，往往生于堤坝下的滩涂中。即使引入城市景观，通常也是芦竹立于岸上而芦苇挺于水中。

凭借这两点进行区分相对还是可以做到的。不过芦苇和芦竹的秆、叶确实像，不易区分，而叶鞘、叶舌等细微差别一般人也难以掌握。

芦苇的名气要比芦竹大得多，古今中外有很多关于芦苇的诗文，最有代表性的当属《诗经》中关于芦苇的描述："蒹葭苍苍，白露为霜。所谓伊人，在水一方。溯洄从之，道阻且长。溯游从之，宛在水中央。蒹葭萋萋，白露未晞。所谓伊人，在水之湄。溯洄从之，道阻且跻。"蒹葭就是芦苇的古称。

学过中学物理学的都知道压强单位帕斯卡，这是为纪念法国数学家和物理学家帕斯卡而命名的。帕斯卡也是一位思想家，他的《思想录》影响深远，其中有一篇关于芦苇的文章"人是一棵有思想的芦苇"，文中说道："人只不过是一根苇草，是自然界最脆弱的东西；但他是一根能思想的苇草"，让人认识了自己，也记住了芦苇。

图11-22　**深秋的"芦花"**

芦苇通常在每年的 7~8 月开花，花后结果，果期可以一直持续到年底。"芦花"一般集中出现在 11~12 月，并伴有"芦花飘絮"的现象，因此，可以说"芦花"并非花而是果。但这话也不完全准确，如果从芦苇的花的构造上看，形成"芦花"的白色的毛并不是在它结果的时候才有

的，这点与之前说到的杨花、柳絮、蒲公英不一样。《现代汉语大词典》中关于"芦花"的释义是：芦苇花轴上密生的白毛。从植物学专业的角度看，这个释义还不完全到位。

图 11-23 是芦苇花序的分解，图 11-24 是芦苇小花的解剖。从这两个图中可以看到芦苇

在它的性器官构成上有 4 个特别的地方：①小穗具细长的柄；②稃片披针形，外稃长约为内稃的 2 倍；③外稃顶端渐细，延长成芒；④外稃的基盘延长，基盘上附生有与外稃（不含芒）几乎等长的丝状柔毛。

图 11-23　芦苇花序

a. 芦苇圆锥花序一部分；b. 分枝放大（小穗具柄，细长的芒和较密的丝状柔毛）；c. 一个小穗放大（有 4 朵小花，每一小花具 1 外稃，第二颖片、第二外稃、第四外稃位于左侧）

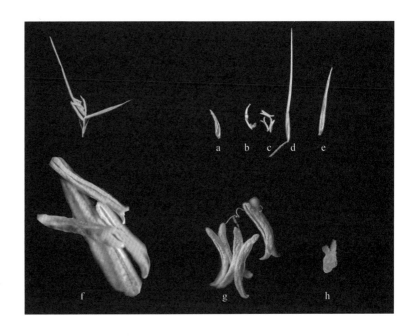

图 11-24　小穗中一朵小花的解剖

a. 第一颖；b. 内稃；c. 雄蕊 3 个，花药黄色；d. 外稃披针形，具芒，长约内稃的 2 倍；e. 第二颖；f. 内稃和雄蕊；g. 分离出的 3 个雄蕊；h. 雌蕊

漂亮的"芦花"正是它基盘上的丝状柔毛的"贡献"。这些毛并非果期才有，而是花的一部分，只不过在果实成熟后开裂，且在飘落的时候格外明显。

这四点性器官上的特征是芦苇所特有的，也是在芦竹亚科中划分芦竹属与芦苇属的标志。虽然芦竹也有类似的毛，但它着生在外稃上而非基盘上，当然这需要在解剖镜下放大才能见到。

芦苇在雌蕊、雄蕊上与禾本科保持了高度一致，这也印证了禾本科分亚科、分属主要依据的是其性器官（花）的附属特征，而不是雄蕊、雌蕊本身。

近年上海街头、绿地还常见到芦竹亚科另一种观赏植物——蒲苇（*Cortaderia selloana*），植株亦较高大，但叶缘具尖锐锯齿而易与芦竹、芦苇区分。

（4）芒、荻之辨

相传鲁班进山时被一种野草的叶片割破了手指，因而发明了锯子。虽然叶缘有锯齿的植物很多，能锋利到割破手指的并不多，但也很难确切考证割破鲁班手指的野草究竟是哪一种。

芒草是传说中的其中一种。芒草是一种叶缘为锋利锯齿的野草，若一不小心抓到芒草，手指就会被割破。有趣的是芒草现在也进入了城市里。

芒草是芒属（*Miscanthus*）植物的统称，上海及周边地区野外比较多见的是芒（*Miscanthus sinensis*）和五节芒（*Miscanthus floridulus*），市区栽培观赏比较多的是芒的一个变种，斑叶芒（*Miscanthus sinensis* 'Zebrinus'，图 11-25、图 11-26），它的叶片上有黄绿相间的斑块，容易辨认。

图 11-25　斑叶芒的花期
A. 丛植；B. 花序局部特写

芒属植物在性器官上有两个重要特征，一是它的外稃具有较长的芒，二是小穗的基盘上具有丝状柔毛，这点与芦苇有点相似，外观上白色柔软的花（果）序摇曳在秋风中也是一道靓丽的风景。

荻（*Triarrhena sacchariflora*）的花（果）序同样漂亮（图11-27、图11-28）。荻原先也是归在芒属的，后因荻没有芒，丝状柔毛更长、更显著而独立形成荻属（图11-29）。

民间还有"芦荻"之说，一说其即指荻；另一说其是芦苇和荻的合称，秋风起处，白色、轻柔的芦花、荻花一时瑜亮。芦苇的穗状花序分枝多，总花序外观蓬松、圆锥状；荻的穗状花序几无分枝，成束排在秆顶，总花序外观呈旗形。

图11-26　斑叶芒的叶

图11-27　荻

图11-28　荻花序近观

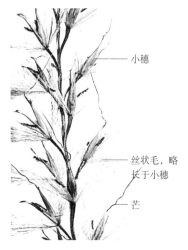

小穗

丝状毛，略
长于小穗

芒

小穗无芒，
丝状毛长，
2倍于小穗

图 11-29　芒（左）与荻（右）的花序放大比较

（5）不稂不莠

成语"不稂不莠"出自《诗经》："既坚既好，不稂不莠"，指谷粒长得坚实完好，田中没有杂草，后引申为比喻人不成才、没出息。如《红楼梦》第八十四回说道："第一要他自己学好才好，不然，不稂不莠的反倒耽误了人家的女孩儿，岂不可惜？"

稂、莠泛指田中的杂草，具体而言，稂是狼尾草，莠是狗尾草，都是禾本科的草本植物。

另有一个相似的成语"良莠不分"，莠即狗尾草，这里引申

为坏的物事。良莠不分就是好坏不分，是非不辨。"良莠不分"常有人误作"稂莠不分"，也有人会把"不稂不莠"误写成"不良不莠"。由于稂和莠都是杂草，引申义是坏物事，所以，不能把"良"与"稂"混淆，虽然两者的字形、读音都有点相近。当然，"良莠不分"不是我们要讨论的，"稂莠不辨"的问题才是我们要解决的。

🌱 图 11-30 是上海草地、田野常见的莠草，即狗尾草（Setaria

viridis），图 11-31 是它的田中伙伴稂草，即狼尾草（Pennisetum alopecuroides）。两者的得名均来自它们的花序，一像狗尾巴，一像狼尾巴。图 11-32 是狗尾草与狼尾草的花序"同框"，狗尾草的花序小，时有弯曲，狼尾草的花序大而直立，而且狼尾草的花序主轴上密生柔毛，在花期初甚为明显。两者的叶也有所差异，狗尾草的叶宽而狼尾草的叶窄。表 11-1 是《中国植物志》上关于两者叶、花序的记载，可以看到它们的区别。

表 11-1　狗尾草和狼尾草的叶片、花序大小的比较

	叶形	叶片宽度（厘米）	花序长度（厘米）	花序宽度（厘米）	刚毛长度（厘米）
狗尾草	狭披针形	0.5~1.8	2~15	0.4~1.3	0.4~1.2
狼尾草	线形	0.3~0.8	5~25	1.5~3.5	1.5~3

图 11-30　狗尾草

图 11-31　狼尾草

图 11-32　狗尾草（左）花序与狼尾草（右）花序的对比

狗尾草属（*Setaria*）和狼尾草属（*Pennisetum*）是禾本科黍亚科的一对"近亲"，各有很多种类，野生常见，栽培观赏的也不少，外观上有时不易区分这两个属。

🌿 图 11-33 是狼尾草花序的近观及放大，刚毛细长，数枚刚毛着生在小穗的基部，或可说是小穗柄的顶部。这是狼尾草属与狗尾草属最关键的分异点，狗尾草属的刚毛则着生在小穗柄的基部。着生位置的不同也引出了一个区分两者的有趣现象：狼尾草属植物的果实成熟后，小穗与刚毛是一起脱落的，这使得狼尾草在结果后期，"狼尾巴"逐渐变得稀稀拉拉；而狗尾草属植物的果实成熟后仅小穗脱落，主轴上小穗柄及刚毛留了下来，这使得狗尾草在结果后期，"狗尾巴"看上去"毛"依然茂密如初。

需要补充一下，稂、莠虽然指的是杂草，但狼尾草属和狗尾草属中除了杂草及上述观赏草之外，还有好多种优良的牧草，特别是狗尾草属中还有一种知名度非常高的植物——粟（*Setaria italica*），也就是小米，北方多称之为谷子。"稂莠"之中亦不乏好东西。

（6）玩耍之财积草

小小的禾草中还有可以玩耍的？此话一点不假。斗蟋蟀是中国民间一项历史悠久的游戏，了解斗蟋蟀的人都知道，斗蟋蟀要用一种蟋蟀草。上海人管蟋蟀叫财积，所以这种草也叫财积草。

🌿 财积草就是一种禾草——禾本科、画眉草亚科、穇属的牛筋

图 11-33　狼尾草花序

A. 近观；B. 局部放大，刚毛着生在小穗柄顶

图 11-34　牛筋草的外貌及花解剖

草（*Eleusine indica*），图 11-34 是它的样貌及它的花。叶线形，长约 15 厘米，穗状花序数个指状着生于茎顶，解剖镜下它的花药和紫色柱头非常别致和美丽。牛筋草茎叶强韧，全草可入药，也可作为饲料。它的根系非常发达，还是一种优良的水土保持植物。

禾草何其多，何以独选它？财积食性杂而偏荤，并非单好这口。牛筋草的茎强韧，能耐财积强健的咀嚼式口器的撕咬是其主

因。它的果期又恰逢财积活跃的时候，茎顶 4、5 条指状排列的果序又易于辨识，牛筋草也就从众多禾草中被选中而冠以财积草之名了。

财积草，在上海也有指马唐属（*Digitaria*）植物的，其茎的韧劲及指状花序的形貌皆与牛筋草相似，唯其小穗具柄，可与牛筋草的小穗无柄区别。

无论是竹子还是禾草，根据它们的茎叶、花果序的外观样貌，就比较容易判断它们是禾本

科的，也就是说，禾本科的科特征比较一致，可以归纳为：茎称作秆分竹禾，叶线带状平行脉，小穗组成复花序，雄三雌一结颖果。

但是禾本科内的分类则比较复杂：第一，它的形态结构独特，有一套专门的形态术语；第二，小穗是分类的基本单元，小穗的组成，着生方式与位置，颖片、外稃和内稃的特点等在分类中比较重要；第三，雄蕊、雌蕊相对而言比较一致，分属中作用反而不大。

植物的传播

一般说到植物与动物的不同，时常会说动物会动，植物不动。实际上植物也是会动的，只不过植物的"动"大多数情况下是需要外力帮忙的，所谓"风吹草动"就是在外力（风）的作用下草就会动。

植物更重要的"动"是它的繁殖体的"动"——在外力作用下，植物的繁殖体从一地移动到另一地，这就是植物的传播。

大多数植物繁殖体的传播属于被动传播。高等植物的个体多为固着生长，一般只有其繁殖体可以移动，如果实、种子以及植物的地下、地上能够进行营养繁殖的部分。这些繁殖体在一定的外力作用下发生移动，使得植物个体得以扩散，这才形成现在的地球表面为植物所覆盖的现象。

植物传播的外力主要包括风力、水力、动物及人的活动。

植物传播成功除了需要借助于外力外，还要有适合外力传播的内因。蒲公英是典型的适合风力传播的类型，它的果实小而轻，具毛，具备风力传播的内在条件。杨柳科植物也是风力传播的代表，杨花、柳絮即是适应风播的明证。椰子是适合水力传播的典型，分布在亚洲热带的椰子，成熟后掉落在海里，椰壳能漂浮，又耐海水侵蚀，随波逐流，被海水传播到大洋中的岛屿上，生根发芽，开花结果。

适合动物传播的机制主要有两类，一是适应黏附于动物身上的刺、钩、黏液等，如菊科的苍耳、伞形科的窃衣等，能在动物经过时黏附于动物的身上，随动物传播；二是具备抵抗动物消化的外壁等，当果实被动物吃掉后，种子不易被消化，随动物的排泄而被带到他处，如桑科的构树，它的果实鸟类爱吃，种子就因鸟类到处排泄而被扩散到各种地方。

少数植物的繁殖体是靠自力传播的，如凤仙花的果实成熟后裂开，种子被果实裂开时产生的弹力弹落到距母株稍远的地方。

当然，植物的繁殖体还有一种传播方式叫作"瓜熟蒂落"，植物的果实因为重力的关系，从树上掉落到地面。这样的传播距离很有限。

地形条件对于植物的传播的影响是间接的，但同时又是重要的。有的有利于繁殖体的传播，如河流、海洋，适合漂浮的植物体或植物的繁殖体随波逐流，传向远方；有的却成为扩散的障碍，如高山、大河、海洋的间断和阻隔，使得植物的扩散往往又局限于某个有限的区域内。这就是植物分布区形成的重要原因之一。

人类活动在植物的传播中的作用无疑是巨大的。一类是伴人植物，随着人的活动而传播，如黏附在人的衣服、鞋上的植物，或者附着在人们的生产、生活用具及交通工具上的植物，可发生一定距离的扩散；另一类是人类有意引种，这种传播往往距离和范围较大，在很大程度上改变了原先自然形成的植物分布区，我们称之为人工植物分布区或栽培植物分布区。有些传播对当地的植物产生了不同程度的破坏作用，这样的扩散也就是所谓的生态入侵。

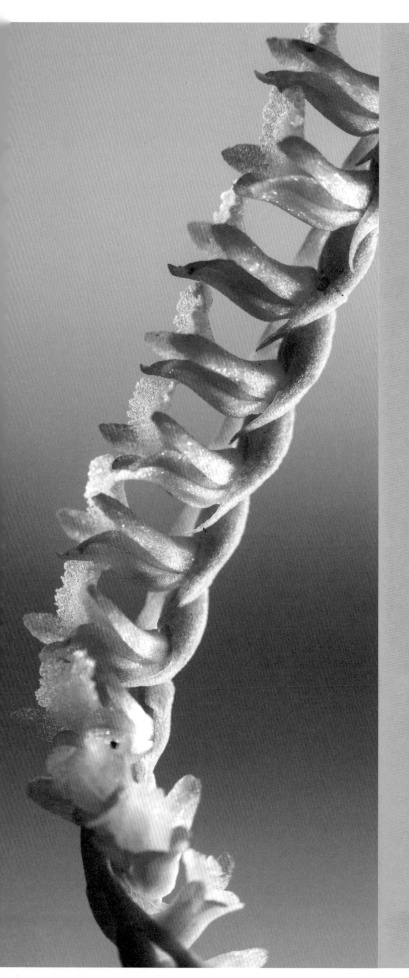

第十二章　高洁典雅之家

——兰科

兰科是被子植物中仅次于菊科的第二大科，单子叶植物中的第一大科，全球约有 700 属、20 000 种，我国约有 170 属、1 000 余种。与菊科植物主产温带不同，兰科植物主要分布在热带和亚热带，在我国长江以北就很少能在野外见到兰科植物了。根据相关地方植物志记载，江苏大约有 20 种兰科植物，主要分布在苏南山地；浙江则增加不少，有近 100 种；越往南，兰科植物越多。上海地处中亚热带北缘，兰科植物大多需室内栽培，野生状态的仅有 3 种。

按照兰科植物的生长习性一般可以分为 3 类：地生兰，与普通植物一样生长在地面，扎根于土壤，常见于温带兰花；附生兰，附生在树或石上，具肥厚气生根，多见于热带兰花；腐生兰，生活在枯死的植物体上，不营光合作用，如天麻。

兰科的观赏植物资源极为丰富，有悠久的栽培历史和众多观赏种类，野生的兰科植物中还有许多潜在的观赏类群有待开发。我国园艺界习惯将栽培观赏的兰科植物分为 2 类：国兰，主要指栽培观赏的兰属中的部分地生兰，如春兰、寒兰、建兰、蕙兰等；洋兰，主要指热带兰，如蝴蝶兰、兜兰、石斛等，不过洋兰并不全部来自国外，我国华南、西南和台湾地区也有很多漂亮的热带兰。

1. 典雅的国兰

国兰，通称为兰花，"梅兰竹菊"中的"兰"就是指这一类，它们在植物分类上属于兰科、兰属（*Cymbidium*）。兰花在我国有 1 000 多年的栽培历史，美丽清香，历朝历代许多诗人写下了赞颂兰花的美妙诗篇，如唐代大诗人李白有诗云："幽兰香风远，蕙草流芳根"。

上海植物园兰室是一座具有中国古典园林风格的大型养兰、赏兰场所，2000 年扩建后面积达 11 150 平方米，目前收藏名兰共计 300 多个品种。图 12-1、图 12-2 为兰室展示的部分兰花及其园景。

图 12-1   上海植物园兰室的寒兰盛开

图 12-2　上海植物园的兰室内外景

图 12-3 是上海植物园兰室的春兰（*Cymbidium goeringii*），花葶多为 1 朵花。冬去春来，我们迎来了春兰盛开飘香的美好时节。

图 12-4 是建兰（*Cymbidium ensifolium*），也称四季兰，花葶一般短于叶片，具数朵花。建兰是一年中开放时间最长的兰花，绿叶健壮挺拔，花开时满屋飘香，让人心旷神怡。图 12-5 是建兰的"富山奇蝶"品种。

图 12-6 是墨兰（*Cymbidium sinense*），又名报岁兰，花葶一般略长于叶片，花较多，常暗红色。墨兰叶大亮丽、富有光泽，居养兰人士推崇之首。在南翔古猗园的兰室，培养着不少名贵的墨兰。

国兰生长、繁殖的要求比较苛刻，上海地区野外已经几乎没有，江浙一带山区原先尚有野生兰花的记载，随着人为活动的影响越来越大，野生兰花也变得稀罕了。在上海要想近距离地观察兰花，只有去植物园、专门的兰花园艺场，或者需要家庭精心培养，才能闻到它的芳香。

家庭养兰是一门精心的技术活。养兰的花盆要透气性好，还要加特殊的肥料和基质。作者喜欢兰花，在家中培养了一些国兰和洋兰，及时施肥，适当浇水，尤其是注意它们对阳光的特殊要求，既得以欣赏高贵典雅的兰花，也为本书提供了丰富的素材。

图 12-3　春兰

图 12-4　建兰

图 12-5　建兰品种——"富山奇蝶"

图 12-6　墨兰

2. 为什么属于兰科

与菊科、豆科、禾本科等大的科类似，兰科虽然也植物种类众多，但兰科在性器官上的共性显著——合蕊柱。图 12-7～图 12-9 是寒兰（*Cymbidium kanran*）的花及其解剖，花被片 6，外轮 3 片花萼状，较大，披针形，黄绿色；内轮 3 片花瓣状，长仅外轮花被的一半，其中 1 片花瓣特异而称为唇瓣。"花蕊"的说法可能尤其适合兰花，花的中央难辨雌雄，兰花的雄蕊和雌蕊完全愈合而成一柱状体，也就是兰科植物花的典型特征"合蕊柱"。兰科植物的子房位于花梗上部到花被基部之间，有的膨大，有的不膨大，在外观上有时会找不到，这点与石蒜科、鸢尾科的子房有点相似，因此，兰科也是子房下位的。

兰科植物的花构造比较复杂，合蕊柱有特别的构成，内轮花被，尤其是唇瓣还有很多变化、很多形态。不过从认识科的角度看，这些复杂而又细微的构造和变化基本上可以忽略，仅仅根据合蕊柱和唇瓣的存在就可以确定它们是属于兰科的。

据此可以归纳兰科的主要特征：花被六片变化多，内轮中央为唇瓣，雄蕊雌蕊合蕊柱，子房下位藏花梗。

图 12-7　寒兰

图 12-8 寒兰的花近观及花各部的分解（中为合蕊柱，下为唇瓣）

图 12-9 寒兰花解剖
a. 合蕊柱侧面观；b. 唇瓣；c. 合蕊柱正面观

　　兰科植物的花结构非常独特，这些特殊结构是与昆虫授粉相适应的。兰花是虫媒花，美丽的花形和花香可以吸引昆虫来到它们的"花蕊"，帮助授粉。在演化上，根据兰花性器官的复杂结构和化石证据，大多数学者认为兰科植物是单子叶植物进化程度最高的一个科。

　　我们喜欢兰花，除了兰花有清丽典雅的花形以外，还有就是兰花特有的幽香，那么，兰花的幽香来自哪里？原来，兰花的香味大部分是从合蕊柱的油细胞散发来的。

　　寒兰的花香和桂花相似，浓郁得让人难以忘怀，而春兰的花香则与米兰花香相似，温润入肺。不同的兰花的香味是不一样的，我们可以"闻香识女人"，也可以闻香识兰花。真正的养兰高手，当闻到兰花的香味，就大概能判断出是哪一类兰花了。

3. 天然的空中花园

　　空中花园并非传说，亦非远去的历史，走进热带雨林，我们就能一睹美丽的空中花园，这就是附生在树上的热带兰在半空中构成的风景，也是热带雨林的特征之一。随着园艺技术的日臻完美，热带兰，也就是所谓的洋兰开始进入温带的居家或庭院，上海市民也得以欣赏到越来越多多姿多彩的热带兰花。

　　蝴蝶兰属（*Phalaenopsis*）主要分布在亚洲热带地区至澳大利亚，有40余种，我国台湾、海南及西南地区有6种。近几年，多种蝴蝶兰被引进上海，并进入寻常百姓家，因其花大，色彩艳丽，花期长且适逢中国的农历正月，给人们增添了喜庆的气氛，所以被誉为"春节的女王"。

　　图12-10、图12-11是一组蝴蝶兰（*Phalaenopsis* sp.）。蝴蝶兰是热带兰或洋兰的代表，2轮花被均大而显著。如果说国兰素雅内敛，洋兰则热烈奔放。尽管两者的花的色彩、大小、外观有不少差异，但构造上却万变不离其宗，从蝴蝶兰花的特写（图12-12）和它的解剖（图12-13）看，都有特异的唇瓣和合蕊柱。蝴蝶兰，包括其他的热带兰也都是属于兰科的。

图 12-10　蝴蝶兰

图 12-11　蝴蝶兰花顶面观

图 12-12　蝴蝶兰的花特写

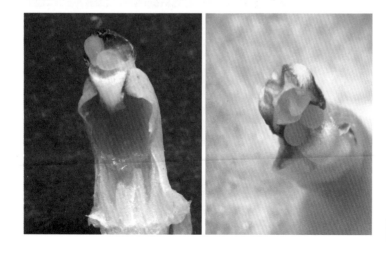

图 12-13　蝴蝶兰的合蕊柱

石斛属（*Dendrobium*）是兰科中另一类著名的药用、观赏俱佳的植物。石斛多为附生植物，根系不发达，茎肉质，圆柱形，是其主要的药用部位，最有名的当属铁皮石斛（*Dendrobium officinale*）。石斛的叶如竹叶，花被6片，花形美观，花色艳丽，常被栽培观赏者称为"石斛兰"。石斛属有1 000多种，主产亚洲热带和亚热带地区，我国秦岭以南各地区都有分布，尤以云南南部为多。图12-14是2种观赏石斛兰（*Dendrobium* sp.）。

图12-14　石斛兰

图 12-15   文心兰花丛

文心兰是兰科中另一类上佳观赏"洋兰"，文心兰属植物（*Oncidium*）是一类极美丽的兰花，全球约有 750 种。它们的花瓣薄，花朵可爱，是世界上重要的兰花切花之一，适合瓶插。图 12-15 是文心兰（*Oncidium hybridum*），又名跳舞兰、金蝶兰，图 12-16 是其花特写，图 12-17 是以文心兰为主角的摄影小品"吉祥如意"，左下的花被形似汉字"吉"，所以文心兰也称吉祥兰。

图 12-16   文心兰花特写

图 12-17   摄影小品"吉祥如意"

图 12-18　一种兜兰

图 12-19　另一种兜兰

兜兰（*Paphiopedilum*）又称拖鞋兰，是栽培最多的洋兰之一。兜兰属全世界约有 66 种，我国已知的有 18 种，主要分布在西南和华南地区。从图 12-18、图 12-19 中，我们看到兜兰的花非常奇特：唇瓣呈口袋形，似拖鞋的鞋面，背萼有各种各样的花纹。兜兰的寿命较长。

图 12-20 是火焰兰 (*Renan-thera coccinea*)，它是火焰兰属的兰花。火焰兰属全球有 15 种，我国仅有 2 种。火焰兰的花色艳丽，极具观赏价值。一束美丽的火焰兰养在花瓶中可以开放很久，热情似火。图 12-20 中右下是三朵花组合的插花小品"火"。

图 12-20　火焰兰

4. 本地的野生兰花

2013 年出版的《上海维管植物名录》是专门收录上海露地生活的维管植物的，记载上海露地生活的兰科植物有 3 种，其中小舌唇兰 (*Platanthera minor*) 仅见于大金山岛，另 2 种为绶草 (*Spiranthes sinensis*) 和白及 (*Bletilla striata*)，在上海市区室外露地时常可以见到。

图 12-21 为绶草全株，小草本，高通常不及 30 厘米。因其花小，粉红色，在花序轴上螺旋状排列，似一条绶带而得名。又因其根指状如参，花序盘旋，也被称作盘龙参。图 12-22 为它的叶和根及其花序局部放大；图 12-23 是花的特写，唇瓣、合蕊柱等兰科特征明显可见。

绶草属约有 50 种，大多分布于美洲，我国仅绶草 1 种，全国各地均有。上海公园、校园草地有野生，可移入室内盆栽观赏。

图 12-21　绶草（盘龙参）全株

图 12-22　绶草的根与叶（左）和花序局部放大（右）

图 12-23　绶草花的侧面观（左）和顶面观（右）

图 12-24　白及植株

白及，也写作白芨，这两个名称基本通用，《中国植物志》认为正名是白及。江浙一带有天然分布，上海常见于绿地、花坛，栽培观赏。图 12-24、图 12-25 是白及的植株及其花特写，花紫红色，内外轮相似，中间唇瓣直立，合抱合蕊柱。

图 12-25　白及花特写

拓展 12-1　　　　　　　　　**单子叶植物与双子叶植物**

在拓展 2-1 关于植物的分类单位中讲到，本书所涉及的主要对象是被子植物亚门，该亚门下分为 2 个纲——双子叶植物纲和单子叶植物纲，本书前 10 章是关于双子叶植物纲的，后 2 章是关于单子叶植物纲的。

顾名思义，双子叶植物就是具有 2 片子叶，单子叶植物只有 1 片子叶，这是两者最根本的区别。但是，子叶要么是在种子里，要么就是子叶刚长出来不久就消失了，因此，想要根据子叶数来区分这 2 个纲的植物很难实现。

要区别两者还有 2 个简便、容易掌握的特征：

一是看叶。双子叶植物的叶形多样，叶缘多变；叶脉则主要为网状脉，主脉、支脉与细脉联结成网，又依主脉与支脉的分布形式分为羽状脉和掌状脉，前 10 章说到的植物多为这类叶脉。如图 12-26 中的 A 桂花叶为代表的，叶卵形、椭圆形、矩圆形、披针形等各种样式，叶脉多为羽状脉；B 槭树叶为代表的掌状叶，裂或不裂，叶脉多为掌状脉。单子叶植物的叶形相对变化不多，以线形、带形为主，叶脉主要为平行脉，主脉（或不明显）、次脉纵向互相平行，或如芭蕉类次脉垂直于主脉横向互相平行；如为卵形叶则为弧形脉，除主脉

图 12-26　**双子叶植物的花和叶的特征**
A. 羽状脉（桂花）；B. 掌状脉（槭树）；C. 花 4 基数（诸葛菜）；D. 花 5 基数（毛茛）

（常不明显）外，次脉从叶基到叶尖纵向成弧形。后 2 章禾本科、兰科等的叶多为平行脉或弧形脉。图 12-27 中的 A 是玉簪的叶，叶卵形，叶脉为典型的弧形脉；B 是鸢尾的叶，叶脉细密，纵向平行。

二是观花。双子叶植物花各部的数目（尤以花瓣最为明显）大多为 4 基数或 5 基数的，如十字花科、木犀科等的花瓣 4，蔷薇科、杜鹃花科等的花瓣 5；雄蕊数常与花瓣同数或倍数。单子叶植物的花大多为 3 基数的，如兰科的花的花被有 2 轮，每轮 3 片，雌蕊 3 心皮等。如图 12-26 中 C 是十字花科诸

葛菜的花，4 基数，D 是毛茛的花，5 基数；图 12-27 的是石蒜科葱兰的花，为典型的 3 基数。

大多数情况下据此两点基本上可以比较方便地区分双子叶植物与单子叶植物。例外的情况也是存在的，如樟科和木兰科是两个比较有名的双子叶植物的科，它们的花就是 3 数的，花被多轮，每轮 3 片，但它们的叶则是典型的网状脉。又如棕榈科属于单子叶植物，它们的叶有点特别，主要有棕榈型（掌状）和椰型（羽状）2 类，并非平行脉；但它们的花却是典型的 3 数。

图 12-27　单子叶植物的花和叶的特征
A. 弧形脉（玉簪）；B. 平行脉（鸢尾）；C. 花 3 基数（葱兰）

后 记

　　本书的写作从启动到完稿用了整整三年时间，对我们而言，这也是一个探索和学习的过程，收获和体会良多。作为一本主要关于植物的性器官——花的探究与揭秘的书，它的难点在于材料的收集、解剖，并通过摄影清晰记录下来并展示出来，然后配以恰当的说明文字及适当的拓展，力求科学性和趣味性兼备。

　　最早是读了华东师范大学马炜梁老师的《植物的智慧》一书，被书里马老师拍摄的植物精美的结构所震撼，写作过程中又先后拜读了马炜梁老师主编的新作《中国植物精细解剖》以及洪亚平老师的《花的精细解剖和结构观察新方法及应用》，关于微距摄影又特地请教了马老师，在此特别感谢马老师的指导和帮助。

　　拍摄材料的来源，一是我们通过自己栽培，可以对某一植物的生长发育结果有一个全方位的认识，比如，种植过几次草莓，搞清楚草莓开花和结果的过程。二是在花鸟市场和网上购买所需的植物。三是实地拍摄，上海的公园、植物园、高校校园及花卉展览等都有丰富多样的植物，特别感谢上海植物园孙西源和上海辰山植物园丁洁，多次为我们的植物摄影提供了帮助。

　　上海城市农作物比较难寻找，感谢陆永清先生把自己家的小麦搬到了城市的阳台上。

　　微距摄影用于拍摄特别小的花，当要进一步拍摄雄蕊和雌蕊的精细结构时，还要借助解剖镜和显微镜。目前手机的

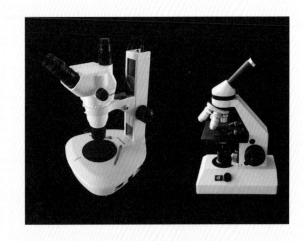

拍摄效果越来越清晰，把手机对准解剖镜、显微镜的目镜或用转接环连接拍摄，也是一个方便的方法，这还可以让显微观察和记录的方法走进千家万户。感谢上海师范大学胡佳耀博士对我们显微摄影的指导和帮助，也感谢凤凰仪器厂厂方以及严兆铭先生在实验器材上的支持和帮助。

植物性器官的拍摄不仅仅停留在科学层面的解释，还需要能够用更好的技术来体现植物的特殊美。另外还需要后期处理，这样就更加能够把植物的精细结构交代清楚。几百张照片的拍摄和整理是一个考验耐心和毅力的过程，有时为了跟踪一种植物从开花到结果要等待很长时间，有时还得隔年重新来过。

尤其要感谢叶明海老师对本书拍摄和采集的全程帮助和指导。

最后特别感谢上海师范大学的欧善华老师。植物家族性奥秘的探究是一个长期积累的过程，如果没有三十多年前欧善华老师关于植物分类学的启蒙和引领，没有此后欧善华老师多年的悉心教诲和指导，也就不会有如今三年辛苦的成果。

本书的写作还得到了很多朋友的鼓励。在我们以往陆陆续续观察植物性器官（花）的时候，很多爱好植物的朋友都表现出浓厚的兴趣，这是我们写作此书的动力，也是相信它会受到读者喜欢的基础。一本好书可以给人们带来阅读享受，衷心希望《植物家族性奥秘》可以给大家带来一些新的启发。